张 静
李 洁 ◎ 编著

做人做到位
的 9大绝学

中国文联出版社

图书在版编目（CIP）数据

做人做到位的9大绝学/ 张静，李洁编著.

北京：中国文联出版社，2005.12

ISBN 978-7-5059-5122-8

Ⅰ.做… Ⅱ.①张…②李… Ⅲ.个人-修养-通俗读物

Ⅳ.B825-49

中国版本图书馆CIP数据核字(2005)第132392号

书　　名	做人做到位的9大绝学	
编　　著	张　静　李　洁	
出　　版	中国文联出版社	
发　　行	中国文联出版社发行部（010-65389150）	
地　　址	北京农展馆南里10号(100125)	
经　　销	全国新华书店	
责任编辑	周完淳　冯美华	
责任校对	陈玉玲	
责任印制	李寒江　周完淳	
印　　刷	北京大运河印刷有限责任公司	
开　　本	710×1000　1/16	
印　　张	16.25	
插　　页	1页	
版　　次	2005年12月第1版　2009年10月第3次印刷	
书　　号	ISBN 978-7-5059-5122-8	
定　　价	29.80元	

您若想详细了解我社的出版物

请登陆我们出版社的网站 http://www.cflacp.com

前　言

有人这样比喻：做人是树根，做事是树干。先有深厚的根基，后有栋梁之才。根基和环境，决定人的一生。根基好不只是聪明，环境好不只是顺境。没有什么事比做人更难，没有什么事比成功做人更伟大。

关于成功，不同的人有着不同的理解。有人一朝获得官位，便以为是人生最大的收获，一时志得意满，举杯庆贺；有人一夜成巨富，便从此变得气如斗牛、不可一世；有人偶尔胜于小智，便以智者自居，视他人如草芥；有人在发表了一两篇文章后，便以文学家的姿态出现在别人面前，等等。每每论及之时，他们便当仁不让，以为自己的人生堪称他人之楷模，自己的一生当为成功的模本。然而，他们哪里明白，人生中真正的成功在于做人成功。只有做人成功，才是真正意义上的成功；也只有做人成功，才能成为一个真正的人。

人的本质应是追求精神高尚。然而我们却常会看到生活中有这样一些人，他们虽然衣冠得体、道貌岸然，但他们却经常为了自身的利益而不择手段，可以求荣卖友，可以寡廉鲜耻，甚至吃喝嫖赌，无所不为，践踏着别人的痛苦以求一己之利；还有一些人一生谨小慎微、看风使舵，为了能依附于权贵，甘愿自我践踏自己的人格。试问，如此人生如何能与成功相连？即令他们有了权威，有了富足，然而，一个没有“精神”支撑的躯体，何言“成功”？此状人生，岂不正应了哲人所说的“享有快乐的猪”之理论？

由此可见，人生的成功，不在于权势，不在于财富，而是取决于你

的常识、学识、胆识。只有做人成功才是真正意义上的成功，才能成为一个真正的人。

首先，必须做一个真正的人。

做人，如果每天都夹着尾巴，惟别人马首是瞻，丧失自我，这样的人看上去无论如何潇洒，由于他们的灵魂永远跪着，他们永远不会成功。我们很难想像一个不追求精神自由的人，能真正取得成功。

中国有句俗话说："世上难事千千万，最难还是做人难。"做人确实难，但是如果我们能明晰做人的本质，一心向学，难又如何！中国的另一句俗话说："世上无难事，只怕有心人。"

为此，我们从现实中取材，为读者集取种种成功做人之典范，分别汇入九个章节中，使您一目了然，开卷得益，于繁忙中得一点做人的精髓，积少聚多，使自己更臻完美，从而终能成为一个成功的"人"。

目 录

做人做到位的9大绝学

ZUORENZUODAOWEI
DE9DAJUEXUE

目
录

第九章　处世为人，点点通

做人做到位的9大绝学

ZUORENZUODAOWEI
DE9DAJUEXUE

第一章　追求成功，不断努力

1. 起点修养，终点成功

做人箴言

　　一位外国名人说过这样一句话，大意是：促成一个人成功的因素，专业知识只占 15％，另外 85％ 来自于他的修养、人际关系、处世能力、应变能力等。

有人曾做过这样一个试验，他们把水平相似的队员分为三个小组，让第一小组停止练习自由投篮一个月；第二小组在一个月中每天下午练习一小时；第三小组在一个月中每天在自己的想像中练习一个小时投篮。结果，第一小组由于一个月没有练习，投篮平均水平由 39％ 降到 37％，第二小组由于坚持练习，平均水平由 39％ 上升到 41％，而第三小组在想像中练习的队员，平均水平却由 39％ 提高到 42.5％。这真是很奇怪！在想像中练习投篮怎么能比在现实中练习投篮要提高得快呢？很简单，因为在你的想像中，你投出的球都是中的！

　　生活中我们的习惯往往于无意的观察、细节的暗示中形成，它像带

着一点点内容的蜘蛛网，随着实践长大、积累、成熟直到成为打不破的铁链。习惯就是由网发展成铁链的，它控制着我们每天的生活。

而自我修养也是同样的道理，它将会反复地用语言、图画、观念和情绪告诉我们，我们正在赢得每一个重要的个人胜利。这样反复的结果，不但能够帮助我们培养或打破一种习惯，使我们的自我意象或思想产生持久的变化，而且还能帮助我们尽快达到目标。简而言之，自我修养就是一种自我暗示，是一种思想的实践，更是一种品质。

记住，品质是需要通过百折不挠的修炼才可达到的。因此，如果我们继续不断地注意保持和证明着今天"我是谁"，这样坚持几年，我们的头脑中便自然而然地形成一个稳定的自我意象，在逐渐习惯了这一意象后，它就将成为我们自身稳定的内部标准。

而成功者就是这样做的。他们在办公室、运动场不断地锻炼着自己，他们创造或模拟每一个他们想要获得的经历，他们模拟成功，仿佛他们是第一个。将他们称为"表里如一"也并不为过。

调查资料也曾显示，世界上许多卓越的成功者，几乎每个人都是心理模拟方面的大师。他们懂得让这种潜意识处于不断的提高中。有时他们虽然没有工作，但他们在不停顿的磨炼中使自己面对艰苦的工作时变得更为坚强。他们明白，想像是最好的工具，想像是成功者的天地。

除此，我们还需要一些其他方面的素质修养来帮助我们最终成为一个成功者。

有人做过调查，发现获得诺贝尔奖的科学家，其少年时代，绝大部分人智商在同龄人中并不是最高的，多在中上水平，但在心理素质方面个个都是最优秀的。他们有许多共同的特点：（1）对人有礼貌，易与人交往；（2）富有同情心，会体谅人、理解人及爱人、助人；（3）诚实，能长期取得别人的信任，长期与人维持友谊，任何时候都能得到朋友的帮助；（4）意志坚强，在困难面前不退缩，百折不挠；（5）集体主义精神强，不计较个人得失；（6）热爱劳动，不怕苦，不怕累。

研究表明，世界上有名的科学家、企业家、社会活动家，其成功因素中，智商只占 1/3，而自身的修养却占了 2/3。

自身修养作为一种内在潜质，在很大程度上左右着一个人才华的积累、才能的提高、才智的增长和才干的发挥。

行动方略

成功者做人的准则之一便是从不半途而废，他们总是不断地鼓励自己，鞭策自己，并反复实践，直到成功。因此，为了获得成功，首先要向成功人士学习成功的方法。其次，要坚持每天练习"表里如一"的行动，睡觉前练，醒来后练，在广场上练，在汽车中练，让成功成为你的习惯吧。

2．"未来"等在大脑转弯处

做人箴言

马尔比·*D*·巴布科克说："最常见同时也是代价最高昂的一个错误，就是认为成功依赖于某种天才，某种魔力，某些我们不具备的东西。"成功的要素其实掌握在我们自己手中。成功是正确思维的结果。一个人能飞多高，是由自己的态度所制约的。

有这样一个发人深省的故事。

一天，一位青年看到老农把一头大水牛拴在一个小木桩上。就走上前，对老农说："大伯，它会跑掉的。"

老农呵呵一笑，语气十分肯定地说："它不会跑掉的，从来都是这样的。"

青年有些迷惑，忍不住又问："为什么会这样呢？这么一个小小的木桩，牛只要稍稍用点力，不就拔出来了吗？"

老农靠近他，压低声音（好像怕牛听见似的）："小伙子，我告诉你，当这头牛还是小牛的时候，就给拴在这个木桩上了。刚开始，它不是那么老实，有时撒野想从木桩上挣脱，但是，那时它的力气小，折腾了一阵子还是在原地打转。后来，它长大了，却再也没有心思跟这个木桩斗了。有一次，我拿着草料来喂它，故意把草料放在它脖子伸不到的地方，我想它肯定会挣脱木桩去吃草的。可是，它只是叫了两声，就站在原地望着草料了。你说有意思吗？"

青年顿悟。原来，约束这头牛的并不是那个小小的木桩，而是它早已习惯了的思维定势。围着小木桩转，是它生命的一部分，不能离开小木桩就是它必须遵循的生活规则。

人也是如此，当我们出生的时候，所有的感官都一片空白，大脑同样也是一片有待涂抹的空间，我们的思想可以任意驰骋。然而，随着我们渐渐地长大，所受的教育方式和他人的眼光，使得我们的思维只局限在一个小小的领域中，从而形成了一种习惯的思维定势。遇到问题往往容易被一些习惯性的东西所困扰，不愿也不会转个方向、换个角度思考，这也是很多人的一种愚顽的"难治之症"。

比如说看魔术表演，不是魔术师有什么特别高明之处，而是我们大伙儿思维过于因袭习惯所势，想不开，想不通，所以上当了。比如人从扎紧的袋里奇迹般地出来了，我们总习惯于想他怎么能从布袋扎紧的上端出来，而不会去想想布袋下面可以做文章，下面可以装拉链。

这种习惯性的思维定势致使我们的思维过于封闭，难以接纳更多的新观念。也就是说，我们的习惯性思维定势使我们为自己的思维房间上了一道锁，它禁锢了我们的思想。

比如，你是一位艺术家，所以你只同艺术家交流，而将其他人置之思维之外，更把除艺术以外的东西视为与己毫不相关的事物。或许你认为，这样会使你的研究领域显得更加纯粹，然而实际上褊狭是一把利刃，切断了你许多获得灵感的机会和沟通的管道。

所以，封闭的思维空间像一潭死水，是永远没有机会进步的，

它会使我们无法掌握所有有价值的知识。因此，只有交流，放宽思维的空间，善于吸纳他人的思想，走入他人的领域，我们才能够增长智慧，而且还可以看到许多别样的人生风景，甚至可以创造新的奇迹。

爱迪生的"门罗公园"便是开放思维空间的典型例子。

18世纪以来，在美国和西欧，生产的社会化虽然有了进展，但科学的研究方式还是很陈旧，科学家还是独立进行研究，并未有组织地投入到研究工作中去。19世纪末，探索电力在技术上的应用，给爱迪生的科学研究带来了困难。电学、机械学、化学等科目之间相互渗透，一项科研成果往往是许多学科的综合体，单凭爱迪生个人或靠几个人的研究很难成功。

于是爱迪生在1867年建立了世界上第一个工业研究实验所，他称之为"发明工厂"。1881年又组建了第一个科学技术研究所，把许多不同专业的人组织起来，有科学家、工程师、技术人员、工人，共100多人。

爱迪生的许多重大发明都是靠这种集体思维的力量才获得成功。电灯就是其中之一。如果没有手下技术人员和工人的帮助，爱迪生不可能有这么多的发明创造。

试想一下，如果彻底切断一个人的书籍、广播、收音机、电视等所有与外界的资讯来源，在这种情况下，智慧就会因为缺乏营养而死亡。

所以，如果我们总是常年累月地按照一种既定的模式去运行，去生活，从未想过去尝试走别的路，就容易衍生消极厌世、疲沓乏味之感。不改变思路，生活永远乏味。

回忆一下，在你的生活中有小木桩吗？假如有，就应果断而大胆地拔掉它，努力让自己跨入一个全新的、广阔的天地吧。

做人做到位的9大绝学

ZUORENZUODAOWEI
DE9DAJUEXUE

行动方略

　　生活的旅途中，很多人走不出一个固定的思维定势，所以他们走不出宿命的可悲结局；而一旦走出了思维定势，可以从舞剑中悟到书法之道，从蝙蝠可以联想到电波，从苹果落地可悟出万有引力——常爬山的应该去涉涉水，常跳高的应该去打打球，常划船的应该去驾驾车，常当官的应该去为民。换个位置，换个角度，换个思路，也许我们面前是一番新的天地。

3. 取信于自我

做人做到位的9大绝学

ZUORENZUODAOWEI
DE9DAJUEXUE

> **做人箴言**
>
> "人生得意须尽欢，莫使金樽空对月。天生我材必有用，千斤散尽还复来。"（李白《将进酒》）"老夫聊发少年狂，左牵黄，右擎苍。锦帽貂裘，千骑卷平冈。"苏轼（《江城子　老夫聊发少年狂》）苏轼、李白的自信造就了他们的豪情与壮志。

玛丽·魏丽丝是个盲人，她在纽约市参加了卡耐基课程。她难以克服的恐惧感使她害怕在课堂上发表谈话。老师和同学想尽一切办法鼓励和帮助她克服畏惧。

几个星期之后，玛丽开始不再为此事而大伤脑筋了，她抱怨班上的人太护着她，她要受到和别人一样的对待。又过了几个星期，玛丽参加了另一个班，她毫无犹豫、畏惧和不安。她对新的一群人发表了一篇很好的谈话。在毕业谈话中，她强调她已经获得了足够的勇气，她要辞去现在的工作，找一份待遇较好、更令她喜欢的工作。

任何一个人，当他昂首挺胸、大步前进的时候，在他的心里有诸多的潜台词——"我能行"、"我的目标一定能达到"、"我会干得很好的"、"小小的挫折对我来说不算什么"。这就是自信。

自信的人不惧怕失败。

自信的人用积极的心态面对现实生活中的不幸和挫折；他们用微笑面对扑面而来的冷嘲热讽；他们用实际行动维护自己的尊严。

有一句名言：让每个人都抬起头来走路。"抬起头来"意味着对自己、对未来、对所要做的事情充满信心。

有内涵的人自然有一种气质，这种气质就来源于自信。再有能力的人，如果整日唉声叹气，或者胆小怕事，无所事事，嘴里总是我不行、我不会，或说些无聊烦人的话，那么他一定会碌碌无为而终其一生。

事实上有相当数量的人缺乏自信心，缺乏上进的勇气。本来有十分成功的可能，只因信心不够结果只剩下五六分甚至更少。

尼克松是我们极为熟悉的美国总统，但就是这样一个大人物，却因为一个缺乏自信的错误而毁掉了自己的政治前程。

1972年，尼克松竞选总统连任。由于他在第一任期内政绩斐然，大多数政治评论家都预测尼克松将以绝对优势获得胜利。

然而，尼克松本人却缺乏自信，他走不出过去几次失败的心理阴影，极度担心再次失败。在这种潜意识的驱使下，他鬼使神差地干出了后悔终生的蠢事。他指派手下人潜入竞选对手总部的水门饭店，在对手的办公室里安装了窃听器。事发之后，他又连连阻止调查，推卸责任，在选举胜利后不久便被迫辞职。本来稳操胜券的尼克松，因缺乏自信而导致惨败。

人之所以会这样，原因诸多。从外因来讲，如果生活中遭到的贬抑性评价太多，又缺乏成功的机会，且处境不良等都会使一个人丧失自信；从内因说，可能是自尊心受损，自信心下降，又缺乏自我调控的能力。比如说，一个孩子在班级中不被重视，在集体中没有表现自己能力的机会，或者在老师、家长面前受到太多的批评、指责，甚至讽刺、挖苦，或者受到某种挫折（如考试成绩差）后没有应有的指导和具体的帮

助，都会伤害他的自尊，影响自信。而后其表现不佳，又可能招致新的贬抑，形成恶性循环。任何人都有自尊和被人尊重的需要。自尊、被人尊重，是产生自信心的第一心理动力。

一个自信的人，即使貌不惊人、外表极其平常，在人堆里照样能光彩夺目。

有这么一件事：心理学家从一班大学生中挑出一个最愚笨、最不招人喜爱的姑娘，并要求她的同学们改变以往对她的看法。在一个风和日丽的日子里，大家都争先恐后地照顾这位姑娘，向她献殷勤，陪送她回家，大家以假作真地打心里认定她是位漂亮聪慧的姑娘。结果怎样呢？不到一年，这位姑娘的精神面貌，连同她的行为举止与以前判若两人。她自信地对人们说，她获得了新生。

由此可见，美与丑并不仅仅在于一个人的本来面貌，还在于他是如何看待自己的。一个人如自惭形秽，那他就不会成为一个美人，同样，如果他不认为自己聪明，那他就成不了聪明人，他不觉得自己心地善良——即使在心底隐隐地有此种感觉，那他也成不了善良的人。所以，一个人只要有自信，那么他就能成为他希望成为的那种人。

无论何时何地都要保持自我清醒的认识，不要被任何人所控制，不管他们的意图是多么的善良，必须保有自己的独立自主意识。不要盲目地听命于那些充满善意的人，那些一直在做好事的人，那些经常在劝告你要成为这样、那样的人。你所要做的就是听他们讲，然后感谢他们。他们并不是想造成任何伤害，然而，人们总是不由自主地用自己的标准去衡量别人，总是会在不经意间判断你的言行，如果你不经过思考就接受了他们的观念，你将会因此而烦恼，进而把烦恼传染给别人。

如果你想要独立自主，那么相信自己、认同自己、听命于自己。只有相信并接受自己，才会有能力相信并接受别人。

当然，自信心的培养绝不是通过看几本励志书籍，或每天对自己说

做人做到位的9大绝学

"我是最棒的"就会产生的。自信心是需要不断积累的，是在不断地完成一件件小事，不断地经历成功体验的基础上，逐步建立起来的。如果不是从一件件成功的小事做起，而是一开始就雄心勃勃地选择难度比较大、完成周期比较长的事来做，那就可能会不断地体验失败带来的挫折感，最终因失败而失去信心。

大凡对自己缺乏自信的人，一般都不会只对自己一两个方面缺乏自信，往往是对自己的全盘否定。正是这种对自己的全盘否定，才最具有杀伤力，这会让人连尝试的勇气都丧失。

自信是需要实力的。而所谓实力也是在不断的实践中逐步积累起来的。如果一个人丧失了尝试的勇气，也就失去了拥有自信、取得成功的可能性。因此，一个人最重要的是培养对自己最根本的自信心。换句话主，要认为自己是有希望的，是可以被造就的，需要的只是努力和时间。我们可以不天天对自己说"我是最棒的"，但是一定要记住李白诗中所言的："天生我材必有用"。因为在这个世界上有一部分人确实对自己完全没有信心，经过一些挫折之后，他们往往会认为自己是个没用而失败的人，他们会选择逃避，选择认命。这样的人建立自信是最难的，也是最需要接受帮助的。我们经常说那些说自己能力不足、经验缺乏、技能不够的人缺乏自信。如果我们从另一个角度来看，可以发现，他们对自己的能力不足、经验缺乏、技能不够倒是相当自信的。

孔子言：三人行，必有我师。多与社会及社会中的人接触，是建立自信的最直接的途径。在社会交往中，我们可以以人为镜，看看自己周围的人都在做什么，他们如何生活，如何处事。也许我们不可能总是被社会肯定，但是，你一定要做到"自己相信自己"。要知道，世界越来越多元化，每个来到世界上的你我都有自信的理由，你是上帝带给人间独一无二的礼物。你要从你的内心汲取自信，因为那是自信心的源泉；你要从真正爱你的人、真正对你真诚的人那里去汲取自信，因为那里有

真实和尊重，也只有真实和尊重才能带来真正的自信。但是这一切的前提是，必须付出你的精力和才华。因为只有当一个人觉得自己在某一方面有价值的时候，才会真正产生自信心。要做你能做的事，做对自己、对家人、对他人有益的事，在这个过程中，自信心积累了，自信心也更强了。

懒惰的人和过于自私自利的人没有资格谈自信，自信只会在不断努力、不断进步的人身上体现。自信，在于付出；自信，在于努力和追求。

行动方略

建立自信的首要目标就是改变自我认识。积极的自我形象是自信心的表现。如果你认真思考，就会发现自己生活中积极的方面。

下列的措施旨在增强你的自信心，改善生活：

1. 列出你性格中积极的一面，更好地了解自己；

2. 对自己的成功给予积极评价；

3. 制订可以完成的目标；

4. 不要过快地改变生活中的太多方面；

5. 找出一个合适的典范，而不是一个不现实的偶像加以学习；

6. 不要对过去的失败和错误的判断耿耿于怀；

7. 不要用酒精刺激自信心；

8. 记下自己的优点，增强自信心。

4. 你有导航灯吗？

做人箴言

　　一个人如果生活有了目标，无论是大目标还是小目标，他都是最幸福的，因为他期待着去实现这一目标。

大多数人希望命运之风把他们吹进某个富裕又神秘的港口。他们盼望在遥远未来的"某一天"退休，在"某地"一个美丽的小岛上过着无忧无虑的生活。倘若问他们将如何达到这个目标，他们回答：还不知道。

　　美国斯坦福大学曾经对此做过一项调查。他们随机抽取了一群年龄、条件、学历等都大体相同的人，调查发现：27％的人没有什么目标，60％的人目标模糊，10％的人有明确目标，3％的人不仅有明确的目标，而且能把目标写下来，经常对照检查。

　　二十五年后，再次对这群人进行调查，结果发现：

　　当初27％没有目标的人都处在社会的最底层，他们贫困、潦倒，靠社会救济金过日子，有的甚至成了流浪汉。

　　60％目标模糊的人，普普通通，没有什么作为，处在蓝领阶层。

　　10％目标明确的人，成为白领阶层，属于专业人士，进入上流社

会。

　　而那些占 3% 把目标写在纸上并经常检查的人,成了社会的顶尖人士及各行各业的领袖。

　　调查者因此得出结论:目标对人生具有巨大的导向作用,有什么样的目标就会有什么样的人生。

　　在第十五个全国助残日,由排名全球 400 名首富之一的肯尼斯·贝林先生建立的世界轮椅基金会再次来到中国,77 岁的贝林亲自在中国 12 个地区发放了 7599 台轮椅。然而,当这位热衷于慈善事业的富翁在评说他为富之道时却是这样说的:

　　我出身贫寒,不过我会很富有地死去。我认为,送给陌生人一个微笑是亲切善良的表示,它给人以温暖和快乐。这是每个人都能做到的一种慈善关爱。

　　我最终在人生路上学到了一个简单的道理:找到生活的目标要高于赚钱本身。

　　六十多年前的那一幕我历历在目,我们家满载着生活的压力,日子过得很累。很小的时候我就独立了,6 岁时开始打零工。从卖蚯蚓、送报纸、修草坪起步,高中毕业后销售二手车并开了自己的车行,后来又做房地产生意。我雄心勃勃,那时我什么也没有,渴望成就、渴望物质、渴望成功。到底是什么让我永不知足? 因为我不喜欢做穷人。

　　我终于拥有了大笔财富。我的钱财比我小时候所梦想的还要多。我以前的梦想是收集世界顶级老爷车,收购一支全美橄榄球联盟的球队,拥有一艘私人游艇和一架 DC-9 私人飞机。但当我拥有了这一切后,无论我积累并经历了多少更多、更好、与众不同的东西,我的内心却空荡荡的。

　　其实,我们的世界到处充斥着这样的男女,他们除了拼命地增加银行存款，没有真正的目标，没有更高的追求。一些人毕生都在追逐金钱，绝大多数却一无所获。另一些人挣的钱多得花不了，自己却活不过他们开的那些公司。这两种人都在朝着他们所认为的幸福不停地劳作，但是，他们都错了。

我知道他们都是怎么想怎么活的。我曾经很自私，以为物质可以给我快乐，自己所极度渴望的那种物质上的成功能带来的满足感。对财富的需求曾让我无法看清我可能会失去的一切。在我忙于追求赚钱的每一刻，我无暇去关注那些我正在失去、而惟有用心方可体会的东西。那时，我以为挣钱就是目标。但事实是，我把梯子靠错了墙，爬到顶了才发现错了。我不由自主地想，物质上获得成功后，我竟然不知道去何处寻找真正的幸福。

当我回首所有的辉煌，我终于意识到，找到生活的目标要高于赚钱本身。目标是这样一种东西——需要你付出心血、时间、爱心，还有金钱，为人类创造更美好的生活才能达到，不求任何回报。

那是 2000 年，当时，我把一个越南小姑娘从地上抱起来，放在轮椅上。那一刹那，她仿佛看到了希望，我看到她开始展望原本不敢奢望的未来。她绽开了笑容，眼睛就如同正午的天空一样明亮。我知道，为了那一刻她的所有改变，我改变了很多。生平第一次，我感觉到了快乐。为了保持那种感受，我愿意尽我所能做一切。这个小姑娘挖掘出我心底善良的天性，让我感受到被人需要的幸福。我终于体会到向目标迈进的旅程并不艰难。

我开始去全世界最贫困的地方，去帮助那些最需要帮助却无助的残疾人。对于千百万残疾人来说，轮椅可以让他们活动、上学和工作。最重要的是，它是尊严。当一个人趴在地上时，他是没有尊严的，而当他坐上了轮椅，可以与别人一样高地交流时，他的生命里就有了希望。那一年，我捐资成立了世界轮椅基金会，其宗旨是为每一位需要轮椅的男

女老幼赠送一部轮椅。

　　捐赠轮椅愈来愈成为我一生中最重要的事。

　　这就是肯尼斯·贝林的生活目标，看似简单平凡，但是肯尼斯本人却从中体会到了人生的价值——在帮助别人中寻找到了自己的快乐。

　　心理学家马斯洛认为人生最大的需求就是自我价值的实现。自我实现，实现什么？怎样实现？这就需要有明确的目标。在我们成长的过程中，可能有很多的目标吸引我们，让我们这也想做、那也想做，结果什么也没做好，最终一事无成。

　　如果有了明确的、坚定的目标，我们就会排除干扰。当你一心执著于自己的目标时，所有的障碍都会成为垫脚石，所有的困难都会主动让步。

　　"我要做总统。"克林顿17岁时就确立了这一目标，并且持续不懈地为之奋斗，终于入主白宫。

　　"我要让每一个家庭的办公桌上都有台小型电脑。"就是这一目标让比尔·盖茨成为世界首富。

　　"我一定要考上北京大学。"山东一个农村的小女孩，怀着这一梦想，八年之后以山东文科第一名的成绩，终于进入北大。

　　我们应该明白，一个目标远大的人，在他的内心会产生一股较强的成就动机，那么其积极性、自觉性、主动性、意志力就会增强。因此，他成功的可能性也会随之增大。相反，不考虑自己将来做什么，没有想过将来做什么样的人，没有明确目标的人，表现在生活中则是消极被动、敷衍应付的，其成绩也是可想而知的了。这样的人就如同一艘迷失于大海的航船，没有方向，没有目的地，永远随波逐流，直到生命终结。

　　如果只设定目标而无实际行动，那将是一张毫无意义的废纸，除非有计划、有步骤地将它实现。

　　1. 反复询问自己，为什么要设置这个目标。当你能找出设定目标的六大理由时，你就会产生迫切实现这个目标的欲望。

　　2. 设置的目标要具体。比如"我要赚钱"，这还不够具体，具体的应该是"我要赚到多少"。

　　3. 目标期限。比如今年内一定要实现英语口语化。

　　4. 制订实现目标的具体行动计划。

　　5. 目标视觉化。把制订的目标写下贴在目之所及的地方，让目标自然深入潜意识。

　　6. 整合资源。为了实现目标，可以寻找哪些帮助。

　　7. 每天检查目标，衡量进度。

5. 放飞野心

做人箴言

> 欲得其中，必求其上；欲得其上，必求上上。
>
> ——《大学》

拿破仑曾经说过一句话："不想当元帅的士兵，不是好士兵。"这是对所谓"野心"的最好说明。初听起来，"野心"这个词也许并不好听，然而许多成功人士都是因为有一颗"想当元帅"的野心而最后如愿以偿的，否则就会永远平庸。

所谓"野心"也就是我们平时所讲的理想，更宏伟的理想。

我们生活在一个具有无限可能的时代：地理与意识形态的壁垒逐渐消失，市场越来越开放，商品、创意和资金在世界范围内自由流动。新技术正在创造出重要的商务和沟通新渠道。无论是在个人生活中还是工作中，从来不曾有这么多人有这么多机会去创新。

所以，在这样的时代里，如果我们没有足够的野心，就不会有卓越的成就与人生。

著名黑人领袖马丁·路德金说过："世界上所做的每一件事都是抱着希望而做成的。"这就是说，人们基于对环境的认识，进而找到自己的目标，为实现目标而导致需要，需要又引发动机，动机也就是野心。人的野心愈大，欲望也就愈强烈，目标谋取就愈靠近。正如同弓拉得愈满，箭就飞得愈远一样。

所有有野心的人都有着这样一些共同的性格特征：坚定不移、准备充分、目标明确，还有最重要的一点——乐观向上。有野心的人当然也会遇到常人一样的起起落落，但他们与常人的区别就在于对待逆境的态度。他们把每一次挫折看做只是暂时的，不会影响自身的努力。他们绝不会屈服于质疑并说："这是个错误。我遇到麻烦了。"他们也不会自己吓唬自己说挑战是多么巨大，而是全心全力地专注于实现自己的目标。同时，他们也清楚存在的风险，因为他们清楚所处的环境，同时也审视过自己。

法国19世纪伟大的小说家，批判现实主义文学巨匠——奥诺雷·德·巴尔扎克的童年是痛苦的。小学六年是在一所监狱般的教会学校度过的，环境闭塞，制度古板；中学时，在一次有35个学生参加的考试中，他名列第32位，是老师眼里极其平常的一个学生。孤独中，他将自己放逐到书本里，进行了大量而广泛的阅读，产生了许多异于常人的思想。小小年纪，他就写出了关于人类意志的论文，结果却被老师一撕了之。

踏足社会后，他的思想发生了深刻的变化。从大学开始，他先后在诉讼代理人和公证人事务所当见习生。

一天，他向家人宣布："我不学法律了，我要做个作家！"于是，母亲给他租了一间狭小而黑暗的阁楼，摆了几样简陋的用具，只给他提供少得可怜的费用，希望借这种艰苦的生活打消他的"疯狂野心"。

虽然他不得不对每分钱的用途都做出周密的安排——即使这样还是常常挨饿，他却感到前所未有的幸福，因为他终于能为自己的梦想而奋斗了。

没有白天，没有黑夜，没有娱乐，他不眠不休地进行创作，终于完成了一部悲剧作品《克伦威尔》。他把这部处女作拿到一个戏剧界权威那儿，得到的评价是："你将来做什么都可以，就是不要写作。"

打击是沉重的，但"野心勃勃"的巴尔扎克只是耸耸肩。他回到阁楼里，更加狂热地写着，每天写60页，三年之中用不同的笔名完成了31部作品。结果，他仍然没有成名，没能改变现状，出版商总是通知他版税将来再付，他也只好答应将来再还清自己的债务。在入不敷出的情况下，他做过出版商、印刷商，也办过报纸，但都失败了，债务反而增加了。

这是又一种打击，但他还是没有灰心，仍是耸耸肩而已。他确信，是他的厄运和合伙人的欺诈行为使他栽了跟头，他本人没有错。那么干吗为这些事操心呢？那个狂妄的梦想已足以使他快乐之至。30岁以前就负了10万法郎的债吗？啊哈，来日方长。肚子里没有食物怎么办？很简单，拿起一根粉笔，在桌上画一个圆圈当做盘子，再在"盘子"上写下最喜欢吃的菜名。他就这样空嚼着幻想出来的山珍海味，眼中泛起幸福的泪花，肚子和钱包空空的，心里却装满梦想。

在30岁出头的时候，这个野心家已经设想出一个庞大的计划：以人间喜剧的形式创作一组小说，绘制出一幅人类的抱负、欲望、斗争、爱情、仇恨、阿谀与恐惧等的全景图。他说："拿破仑是佩着剑的士兵，我是拿着笔的文人……然而我将在他失败的地方得到成功，因为我将征服世界。"

毋庸置疑，每个人都想成就一些伟大的事情。但遗憾的是，这些事情大多数会被认为是不切实际的狂想。所以我们的这些所谓的野心也多数从童年时起就被压制，甚至都不被允许谈及。就这样，当我们长大时，"普通人"的身份就时时与我们相随了。可是，要知道，普通人跟成功者的差别也就在于这种野心的大小。

但是，有一点值得注意，有野心固然很好，但野心过大反而会造成负面的影响。野心过大不仅对成功有负面影响，也损害了人际关系。野心大的人在达到自我目标时，有忽略他人的自私倾向，因为他集中精神在自己的目标上，毫不关心他人。所以，一个人拥有适度的野心是有益的，一旦过度，则极有可能走向人生原则的反面，是不可取的。

那么如何才能在道德与追求自我成功的路途上不相为悖，又能在人际关系与施展宏图上取得双赢的局面，也就是说怎样才是适度的野心呢？所谓适度的野心也就是要从个人的实际情况出发，符合自己的个性，不可强求。凡事只求发挥所学、全力以赴、尽其所能，是不是真的能够攀上事业的高峰，或人事结构中的金字塔顶端，就顺其自然吧！

行动方略

回溯历史上的伟人，以及当今的商界和社会精英（如：迈克尔·戴尔和萨姆·沃尔顿），我们发现，伟大的野心都遵循一个可预知的、由三部分组成的弧形路径：

1. 上升阶段。"野心家"在追求自己的远景时，都很坚定。他们时刻做好准备去识别和捕捉机遇性的时刻。

2. 找到平衡。在这个阶段，宏伟的目标常常被有限的行动所羁绊，很多人因此失败。我们必须兑现自己的许愿，践行所提倡的价值观，否则就会失去对他人的信用和承诺。

3. 传递火炬。让一个人放弃对自己终生事业的控制不是件容易的事，但最好的控制其实就是分享控制权。分散领导权（以及财富）还能帮助我们识别出什么时候应该改变自己的角色，什么时候应该重新构造自己的企业，什么时候应该给新人让路。

6. 抓住生命中那条滑溜溜的机遇鱼

做人箴言

　　人生只活这一回，要好好把握机会，失去了就无法再追回。把握机遇，勇敢面对，懂得珍惜属于自己的美；把握机遇，不要在失去之后才想流泪。

　　岁月轮回，时间宝贵，平凡生活的这一辈子，就要无怨无悔。

从某种意义上说，几秒钟就是机遇的所在。如果你赢得了这几秒钟，那么你就抓住了某个机遇，也许就此抓住了你想要的一切——

　　有这样一个故事。大卫和米琪约好一同赶往某个海岛寻找金矿，但是，能到这个海岛的航船非常难等，因为它需要半个月才能往返一趟。为了能赶上这趟船，两人日夜兼程了好几天。当他们终于来到码头时，却发现那班船已经起锚。此时的天气非常炎热，两人口渴难忍。这时，正好有人走来卖茶水，而船已经鸣笛发动了，大卫只瞟了一眼茶水，就径直飞快地向航船跑去。而米琪则抓起一杯茶就喝，他想，一杯茶的工夫不会耽误什么。跑在前面的大卫在船刚刚离岸的一瞬间，纵身一跃跳上了船。而米琪却没有那么幸运，他因为喝茶耽搁了几秒钟，等他跑到时，船已离岸七八米了，他只能眼看着航船渐渐远去……

大卫最先到达海岛，他很快找到金矿，不久，他便成了亿万富翁。当米琪在半个月后到达时，金矿早已有了所属。他只得做了大卫手下的一名普通矿工……

从故事中我们可以看到，由贫穷走向富裕需要的只是把握机遇，而机遇是平等地铺在每个人面前的。人生中，能获得特殊机遇的可能性还不到百万分之一。所以，应当抓住稍纵即逝的机遇，过度的谨慎就会失去它。也许你曾听过这样一个笑话："昨天晚上，机遇来敲我的门，当我赶忙关上报警器，打开保险锁，拉开防盗门时，它已经走了。"这个故事的寓言不言而明：如果你活得过于小心、谨慎，你就极有可能错失良机。

我们通过比尔·盖茨及其他成功人士的研究发现，对一个人的成功起决定性影响的机遇确实是不多的，少的只有一两次，多的也仅四五次。所以，对机遇的到来必须要有敏锐的嗅觉和果断的判断力。

有一种说法认为"机遇可遇不可求"。其实，机遇的产生也有其内在规律。如果你有足够的勇气，睿智的脑袋，敏锐的观察力、判断力，机遇也可以被"创造"出来。善于等待机遇，抓住机遇是一种智慧，创造机遇更是一种大智慧。

你见过溪流中的落叶吗？它们有的匆匆而过，很快就消失了；而靠近河岸的落叶，却慢慢地飘荡着，有的被卷入漩涡里；有的飘到静水处，动也不动。

人生就像水中的落叶，有的在一个地方打转，有的乘着急流向下游奔淌。你也许就在岸边优哉游哉，好几年才移动那么一点点，甚至完全静止不动。

随波逐流的落叶，只能听天由命，是无可奈何的。它的前途，完全

由风向与水流决定。然而，你却可以自己决定前途。你可以乘急流，去寻找新的机遇，你所需要的，就是向着急流游去的力量。

同样，机遇也是不会主动与你会晤的，你只有不断地表现自己、展示自己，找到欣赏你的人，吸引他人的关注和重视，你才有可能找到机遇。过于含蓄，羞羞答答，不敢展现自己才能的人，得不到别人的重视、社会的认可，那就是必然的了。

曾任美国《妇女家庭》杂志主编的鲍克，在13岁的时候便开始和当时的许多名人通信，结果他得到了这些伟人的青睐。

当时的鲍克，不过是一家电报公司默默无闻的送报生。但是，因为他喜欢与名人通信，因此毫不费力地得到了许多名人的友谊，如格兰特将军及夫人、加培尔将军、林肯夫人等。他们在鲍克创办的《索罗克林》杂志上发表过许多文章，而这本杂志也就此身价大增，成为当时的畅销杂志之一。

年轻的鲍克如此容易地功成名就，他的优势是什么呢？

据《鲍克传》的作者皮亚特说："鲍克想把那些他看过的小传校正一下，于是他径自写信给加培尔将军，问他小传里所记载的故事是否属实，并且说明他为什么要写信来询问。加培尔将军很详细也很客气地回信给他。他看到回信后高兴极了，同时，他心里也觉得这是一个大突破。之后他继续写信，问那些名人们为什么要做这件事或那件事，或者询问他们对某一件事情的看法。有几位名人甚至写信来让鲍克去看他们。"

从鲍克的成功中我们发现，机遇只留给有勇气、有准备的人。

创造机遇、争取机遇需要花费极大的心血，但更为重要的是如何把握好机遇，使其发挥出最大的效力。若是花费许多精力，好不容易争得了机遇，却没好好珍惜它，运用和操作机遇时未能把握好，最后功亏一篑而饮恨终生。

因此，当机遇向你靠拢时，尽管还带着某些不确定因素，这时最明智的做法是，眼疾手快、当机立断将它抓获，以免转瞬即逝，或是日久生变。

美国钢铁大王卡内基在经济大萧条时期，有一次，一座很重要的铁路桥梁工程将要被别人夺去，他眼见就要失去这个大好机遇了。

他竭力设法想使那些负责建设桥梁的管理人员，改变他们对熟铁比生铁脆弱这一错误观念的认识。据卡内基自己说："那时，恰好发生了一桩很巧妙的事情。有一个管理人员，在黑暗中驾着一辆汽车飞快地向前行驶，一不留意，撞在一根生铁的灯桩上，把灯柱撞断了。"

卡内基立刻抓住这个良好契机。他说："喂，诸位！看见了没有？"许多管理人员都围了过来，卡内基仔细地为他们讲解了为什么熟铁比生铁好。结果，他成功地签订了合同。

所以，一个成功者，就应该具有当机立断、把握机遇的能力。他们只要把事情审查清楚，计划周密，就不再怀疑，立刻勇敢果断地行动。因此，事情只要一到他们手里，往往能够随心所欲，大获成功。

另外，敏锐的洞察力也是把握机遇的好帮手。

《致富时代》杂志上曾刊登过这样一个故事。一个自称"只要能赚钱的生意都做"的年轻人，一次偶然的机会，听人说市民缺乏便宜的塑料袋子盛垃圾。他立即进行了市场调查，通过认真分析，认为有利可图，马上着手行动，很快把价廉物美的塑料袋推向市场。结果，靠那条别人看来一文不值的"垃圾袋"信息，两星期内，这位小伙子就赚了4万元。

有些人不是没有成功立业的机遇，只因他们的判断力太差，所以最终错失机遇。他们好像永远不能自主，非有人在旁扶持不可，即使遇到一点小事，也得东奔西走地去和亲友邻人商量，同时脑子里更是胡思乱想，弄得自己片刻不宁。于是，愈商量、愈打不定主意，愈东猜西想、

愈是糊涂，就愈弄得毫无结果，不知所终。

相反，一个有计划、有主见、有判断力的人，绝不会轻易把自己的计划拿去与人商量，除非他所遇见的是见识能力高他一筹的人。他常事先前前后后仔细地研究，正如前线将官在作战之前仔细研究地势、军机，然后拟订作战计划一般。因此，正如爱因斯坦所说的："机遇只偏爱有准备的头脑。"

一个头脑清楚、具有判断力的人，他的意志一定十分坚决，他不会模棱两可，更不肯投机取巧。他永远不会徘徊犹豫、东探西问，或是赌气退出而导致前功尽弃。只要计划好了，主意定了，他一定会坚持到底。因为他深知，只有这样，才可能把握住机遇。

所以，我们说机遇如同一条滑溜溜的鱼，有人看不见，有人看得见抓不到，有人看见了也抓到了，有人看见了抓到了也把机遇变成了财富。希望你是最后一种人。

行动方略

要想把握住机遇，必须具备以下三点：

1. 知识的积累。没有广博而精深的知识，要发现和捕捉机遇是不可能的。

2. 思维方法的准备。只具备知识，而没有现代思维方式，就看不到机遇，只好任凭它默默地从你身边溜走。

3. 过人的洞察力和判断力。平时要留心周围的小事，有敏锐的洞察力，这样才能保证在机遇来临时不致错过。

7. 眼睛朝上看才能走得更远

做人箴言

　　许多时候，面对一件事情，光凭自身的力量是无法将其完成的，所以，聪明人往往会为自己找一个帮手，因为这样会比自己单打独斗要容易得多。

人的双脚是随着眼睛移动的，眼睛盯在什么地方，你自然会走到什么地方。眼睛盯在高处，你就能走到高处；眼睛盯在低处，你就会走向低处。在现代社会，"以经济影响政治，以政治左右经济"的要义非常精妙，每个想成功的人都必须认真领悟。善于走上层路线的人容易成为强者，有许多人就是通过结交政界要人而最终获得了成功。

　　日本银座的藤田就是一位善走上层路线的成功者。1961年，藤田先生曾和纽约的东京之最公司做了一笔买卖。东京之最公司订购电晶体收音机3000台，电晶体唱机500台。惟一的条件就是在每台收音机上必须注明"NOAM牌"。装船日期是次年2月5日。

　　开始，藤田先生有些犹豫，因为对方付给藤田先生的佣金为3％，比平常5％的佣金少了两个百分点，显然佣金太少，再就是时间有点紧。但一向精明的藤田并没有放弃这笔买卖，他考虑到东京之最是一家

大公司，日后可能有买卖可做，藤田先生答应了，并随即向山田电器公司订了货。

1961 年 12 月 30 日，东京之最公司开来了信用证，上面写的品牌竟然是"YAECON 牌"。这个品牌正是山田电器公司的产品，但山田电器公司此时正生产的却是东京之最公司当初要求的"NOAM 牌"。

很显然，信用证和产品名称不符，到时候肯定无法装货上船。藤田先生三番五次打电话到东京之最公司要求修改信用证，东京之最公司却迟迟不予答复。最后，山田电器公司加班加点按期交货。1 月 29 日，东京之最公司发来一封电报，要求退货。

藤田先生一面交涉，要对方承接产品，一面寻找别的出路。东京之最公司置之不理。

藤田先生实在咽不下这口气，决定大闹总统府。

藤田先生知道总统有六位秘书，一般信件很难呈到总统本人面前。要让总统亲眼目睹信件，信就要写得十分有水平了。

藤田先生花了三天时间写好一封信寄给肯尼迪总统。信文如下——

美利坚合众国总统 *J·F*·肯尼迪阁下：

向世界自由和民主通商的保护者，及美国国民的代表的您呈上此函，我感到万分荣幸，为此深表谢意。

阁下是当今世界最具影响力的政治家，是最先进的民主主义的化身，对因贵国公民在贵国看来是极为平常而对他国国民则完全是离经背德的野蛮行径，使他国国民深受灾难的事，您一定会加以干涉，并对处于困境的国民伸出您的援助之手。为此，我特向阁下作如下请求：——像这样在法律上明明白白属于单方面不履行合同事件，当以法律追究，但诉讼费用，不由敝公司负担。

总统阁下，倘若您觉察到某些细小摩擦的积累，会转化成两国国民互相仇恨的情况，从而导致不幸的国际敌对的话，那么，我请求阁下您能敦促东京之最公司，让他们迅速解决此事。

总统阁下，我们深知您是超乎寻常的繁忙，但我请阁下耽搁一分钟，拨一个电话，劝告马林梦宾（东京之最公司经理），日本人并非牛马般的动物，是有血肉之躯的人，请他带着诚意来解决问题。

总统阁下，我不希望您花费太多的时间和巨资，只请您迅速转告您管辖的具有正义的政府部门。

总统阁下，曾有四百个年轻的日本人身负炸弹，与贵国的军舰面对死亡决点。这是一场噩梦，作为从这个噩梦中醒来的一员，我认为他们的死是一个惨痛的教训。

我们不应再让历史重演。因此，无论多么细小的事件，只要它有可能导致国际间的互相仇恨，我们就应该用良知来解决。

总统阁下，我请求您——第二次世界大战的勇士，敦促本事件早日解决。

藤田先生把信打了两封，一封寄给肯尼迪总统，一封作副本交给美国驻日大使馆，藤田深信总统能看到这封信。

一个月后，肯尼迪总统责成商务部长奉劝东京之最公司亲自解决问题，否则取消出国旅行资格。对贸易商而言，这等于判了死刑。

事情终于以藤田先生胜利而告终。向美国总统告状的第一个是"银座的犹太人"——日本的藤田。藤田的名字更趋响亮，信誉也更高了。

所以，一个聪明人必须要有借"势"的眼光和头脑，还需要从自身的特点出发，了解自己的特点和竞争优缺点，通过借"势"，增强自己的独特性和优势，才能在社会上树立起自己的知名形象。

曾经的知名品牌派克笔的创建人乔治·斯·派克就是靠着这个秘诀获得了成功。

1888年，派克经过多年努力，终于研制出一支高质量的派克金笔，投放市场后很快受到消费者喜爱。到20世纪20年代，派克制笔公司已在美国制笔行业中名列榜首。

派克在公司最初的发展中，为了开拓和占领市场，他除了不断地改进笔型设计，经常推出新品种、新款式吸引顾客以外，往往还能抓住重大历史事件的机会和利用重要人物的活动来扩大自己产品的影响范围，以求提高他的声誉和知名度。

1943年，正当第二次世界大战处于艰苦对峙阶段的时候，派克借机赠送给盟军欧洲战区总司令艾森豪威尔将军一支派克金笔，这支笔上镶有四颗纯金制作的星，代表艾森豪威尔将军的四星上将军衔。两年后，艾森豪威尔将军在法国用这支笔签署了第二次世界大战和约。一时间，派克与他的笔同时名扬四海，而他公司的销量也开始成倍地增长。

派克靠着这股政治飓风将他的公司不断扩大，到1945年时，他的派克制笔公司已在14个国家设有子公司，世界上有120家经销店和专营经销商经营他的派克金笔。派克终于成功了，他的制笔公司也终于一跃而成为一个当时能年产500万支金笔、笔芯3200万支，雇员达6800多人的世界上最大的高档金笔生产企业。

第二次世界大战结束后，派克仍然致力于借助重大历史事件和重要人物来提高企业和产品的声誉的工作，并一再取得成功。

1962年2月20日，美国太空宇航员约翰·格林上校乘坐宇宙飞船成功地在太空绕地球飞行三圈。为了纪念和庆祝人类航天史上这一重大突破，派克决定以"友谊七星"助推火箭的太空材料制作一支派克笔，赠给格林上校，并在笔身上刻着"美国进入太空"的字样。当然，此举被新闻媒体报道后，派克和他的产品派克笔在人们心中又树立了良好的形象。

还有一次是发生在1972年的2月，当时美国总统尼克松要前往中国访问，派克立刻特制了一对金笔赠送给尼克松让他带往中国。之后，尼克松总统便将它当做礼物赠给了毛泽东主席，因为，那笔身上的用料中含有"阿波罗"宇宙飞船从月球取回的尘埃，具有非同寻常的意义。这次，派克又一次借助重大的国际政治事件而使自己名扬四海，成为人们注目的焦点。

就这样，经过几十年的苦心经营，派克终于为他的笔树立起了高档而高贵的形象，使它几乎成了人们身份和地位的象征。事实也确实如此，曾经许多人都以能拥有一支派克笔而感到自豪。

派克的成功在于他总是将眼睛盯着上层人物，他的每一次借"势"，都是为了自己的进一步成功而服务。

行动方略

借助别人的帮助当然可以省去不少麻烦，但有一点要注意，在让别人帮忙时不能盲目地偏离自身的特点去实行，一定要找到重大事件或者知名人物与自身特点的结合处。

8. 书本是甜的

做人箴言

"生活困苦之余，不得不变卖物品以度日，你应该先卖金子、房子和土地，到了最后一刻，仍然不可出售任何书本。"

"即使是敌人，当他向你借书的时候，你也一定要借给他，否则你将成为知识的敌人。"

——《犹太法典》

优良的学习风气，是造就人才的摇篮和保姆。"知识就是力量。"谁掌握了知识，谁就有了力量。生活中，我们常会看到身边有许多人在科学技术、文化艺术和经商等各行各业出类拔萃，他们的秘诀就在于勤于读书、善于学习。

一个人获得知识的途径无外乎有两个：一个是从别人那里获得；二是从书本上获得。"开卷有益、一字千金"，"读书能求理，越读越有味"，就是这个道理。

由于受时间、范围和条件的制约，学习的时间总是有限的，因此，从书本中获取各种知识和经验便成为最佳途径。学校的教育是获取基础知识的场所，很多专业知识及实际操作技术必须要通过实践或专业学习

才能得到。

众所周知，犹太民族被誉为是世界上最优秀的民族。其原因就在于他们的文化素质普遍较高。在犹太人家庭，不论条件好坏，未成年孩子一律进学校读书。他们认为"书中自有黄金屋"，所以，父母都教育和供养自己的子女读书。有的犹太人因家庭经济条件不允，则半工半读坚持读完大学。更有突出者，利用业余一切时间学习科学和技术。以今天的以色列为例，它确立以教育为本，一直把教育事业列为民族的首要任务，其教育经费的开支，占整个国民预算比例较大，仅次于国防开支。据统计，在1984—1985年，以色列大学生数达9.9万人，即每1000个劳动力中就有177名大学生（美国为111名，日本为42名，英国为30名，法国为50名），可见以色列是处于发达国家的前列的。

一位著名的思想家曾经说过："一个人没有思想，就如同无形的水一样，你把它装入瓶里，它就成了瓶状；你把它盛入碗里，它就成了碗状；如果你把它洒在地上，那形状就更难以想像了。"可见，没有知识，没有书本，没有思想，一个人就像无源之水、无本之木，随生随灭，在这个世界上留不下一丝痕迹。而信念之火，由欲望点燃；欲望之火，由知识点燃。作为承载着各种知识的书籍，则是开启信念之门的金钥匙。

如今，全球经济一体化正在加速，现代社会经济生活处于越来越迅速的发展变化之中，如果跟不上时代发展的步伐，如果不重视知识，不读书就会落伍，就会被社会淘汰。

一个没有书籍、杂志、报纸的家庭，等于一所没有窗户的房子。小孩子常常接触书本，自然会培养出读书的兴趣，就会在不知不觉中摄取其中的许多知识。

所以，生活中穿褴褛的衣服、破旧的鞋，这都无关紧要，但千万不要在购买书籍上过分节约。要记住，知识和技能才是惟一可以随身携带、终身享用不尽的财富。

石油大王洛克菲勒有一段妙语："如果把我身上的衣服全部剥光，一个子儿都不剩，然后把我扔到大沙漠里，这时只要有一支商队经过，我就又会成为亿万富翁。"他为什么如此自信？因为他拥有知识与能力这种无尽的财富，同时他也深信知识可以改变命运。

但是，知识固然极其重要，然而仅有知识是不够的。书中的东西，往往会瑜瑕参差，我们在学习中如果不辨真伪，不能把知识与实际相结合，那么学再好的知识也成了一堆废物。

"知识就是力量"，并不是单指有了知识就有了力量，而是要把书本知识通过实践，变成能力和素质。这种知识才是力量，也才能在生活中发挥作用。否则就会像"纸上谈兵"的赵括一样毫无建树。

要想学得更好，学得更有用，就得亲身实践。因为要想知道梨子的滋味，只有亲自品尝。

行动方略

知识就是力量，知识就是财富。最佳的读书方法应做到：

1. 划定范围，以取广采博收之效。

2. 善于收集学习资料。根据目标要求，包括书籍、杂志、报纸、文献、录音带、录像带、电子计算机贮存的资料、电脑软件等等。

3. 定向选读。根据自己所缺乏的相关知识，选定相关的书籍、资料阅读和学习。

4. 多形式获取知识。不仅可从书本、资料中获取相关知识，还可以通过与人交往来达到学习目的。

第二章　走出风雨，始见彩虹

1. 失败如药

做人箴言

> 失败是对一个人人格的检验，是一个人除了自己的生命以外，在一切都已丧失的情况下，看他内在的力量到底还有多少。没有勇气继续奋斗的人、自认失败的人，他所有的能力会全部消失。只有毫无畏惧、勇往直前、永不放弃人生追求的人，才会在自己的生命里有伟大的进展，通过失败走向更高、更远。

在失败面前，至少有三种人：一种人，遭受了失败的打击，从此一蹶不振，成为让失败打垮的懦夫，此为无勇也无智者；一种人，遭受失败的打击，并不反省自己、总经经验，而是凭一腔热血，勇往直前，这种人，往往事倍功半，即使成功，也常如昙花一现，此为有勇而无智者；另一种人，遭受失败的打击，能够极快地审时度势，调整自身，在时机与实力兼备的情况下再度出击，卷土重来，这一种人堪称智勇双全，成功常常莅临在他们头上。

因此，在失败面前，并不是每个人都成功，也有不少人不畏失败，跌倒后爬起来再勇敢地奋进，而结果却是悲壮地屡战屡败。这是什么原因呢？难道是上天的不公平吗？如果你这么想，继续愤世嫉俗，那么等待你的很可能还是失败。

虽然一次又一次地遭受严重打击，而且事情也处理得不尽理想，但有两件极有价值的东西你永远也不会失去，那就是你心灵的力量及使用它的自由。一旦你运用这种力量去分析失败的原因，你就可以拟订新的计划。你或许失掉了金钱，你也可能失去辛苦耕耘的成果，但是你仍可从中获益，那就是学得经验，并且从此不再犯相同的错误。

"八百伴"集团的总裁和田一夫的曲折经历，毫无疑问地被归为第三类人当中。而他面对失败时的心态及做法，值得我们每一个人深思与学习。

八百伴是日本一家从事零售业的公司，在和田一夫的苦心经营下，它从小到大，不断发展，成为全国最大的零售集团。可是市场无情，竞争激烈，他在 72 岁时遭受到严重的挫折。看到和田一夫这位闻名遐迩的世界级企业家一夜之间从事业的顶峰掉入苦难的深渊，人们议论纷纷。有的认为他元气大伤，肯定是穷困潦倒，了此一生。有的甚至猜想，面对命运如此之大的反差，他一定会用自杀来结束自己的生命。

然而，事实出乎大家的意料。和田一夫并没有一蹶不振，更没有自寻死路，而是坚强地站了起来，重新开始自己的征程。他很快地调整好心态，与几个年轻人携手合作，开办了一家网络咨询公司，向自己陌生的 IT 产业发起了挑战。虽然和田一夫在这个领域完全是一个新手，知之甚少，可是他虚心好学，不耻下问，运用过去经营零售业时积累起来的经验，没过多久就把生意做得红红火火。

我们生活在一个竞争激烈的世界，人们以成功和失败来衡量成就，并且强调每一个胜利都会产生对等的失败。如果一个人赢了，理论上必定有人输了。但事实上，自己与自己的竞争才是真正重要的。当你给自己订下的标准是要自己做到最好，而且是为自己而做时，你就永远也不会输，你只会不断地进步。

如果换一个角度来看问题的话，有时候，失败对某些人而言未尝不是件好事，因为许多人要是没有遇到逆境，他们是不会发现自己真正的潜力的。他们若不是遇到极大的挫折，不遇到对他们的生命产生的巨大打击，就不会知道怎样焕发自己内部贮藏的力量。

达因科技发展总公司董事长张璨，恐怕对此的体会最为深刻——

她以优异的成绩考入了北京大学，但是当她读到大三时，却因为三年前她曾考上了某大学，却不去报到，而于翌年又来投考北大一事而被注销了学籍。无奈，张璨只好坚持着修完了全部大学课程却拿不到毕业证。

离开校门后的她鼓励自己说：没有工作也许会更有前途，因为自己面对的机会会更多。之后，张璨与后来成为她丈夫的阎俊杰在一间从农民那里租来的小屋中开始了她的创业之路。但是，两个书生对于经商真是彻底的门外汉。他们在商海中做着一次次的尝试：做文化产业、开餐厅、开舞厅等，还去深圳发展过两年，但都不是很成功。失败中，张璨一次次地找原因，总结教训，却从没气馁过。

"上天要爱一个人，不是给他美貌和财富，而是给他考验和磨难，同时又一定会给他留一个缝隙，关键是看他有没有运气和能力找到这个缝隙。"在经历了十几年的打拼后，张璨在一次次的失败中建立起了现在的基业——达因公司，并且荣登了福布斯中国首富排行榜。

看着他们的故事，我们应该明白，世界上其实并没有所谓的失败，除非你自己如此认为。每当我们做出尝试但没有成功时，不必太在意，至少我们可以从中学到一些东西，而这又有助于我们完成最终的目标。

爱默生说过："伟大高尚的人最明显的标识，就是他坚定的意志，

不管环境变化到何种地步，他的初衷与希望，仍然不会有丝毫的改变，而终于克服障碍，以达到所企望的目的。"

当然，这里我们并不是鼓励你盲目向前，如同文章开始所提的第二种人，那样的话就会让自己变成另一个与风车作战的唐·吉诃德，滑稽而可悲。

面对失败，具有永不妥协的战斗精神固然重要，但对于屡战屡败的事实，应该作一番认真的思考与总结，要痛定思痛，找出失败的原因，在下一次奋进中引以为戒。千万不要好了伤疤忘了痛，甚至自虐般地流着鲜血还不知道痛。这样下去，总有一天，你会因伤痕累累或失血过多而变得无力拼杀，只有扼腕叹息，悔恨终身。

养成习惯，经常检讨自己在某些事情上的表现。当你觉得结果不理想时，设想一下当时的状况，然后试着问自己："有没有在当时的情形下可能使之更完善的办法呢？"要是答案是否定的，或者你觉得自己已经尽力了，就不要再浪费时间于惋惜上了。只要从过去中学习到经验，就可以再次投身于行动中。你若是不断地尽己所能去做，短暂的失败会自动消失的。

挫折与失败并不能保证你会得到完全绽开的利益花朵，它只提供利益的种子，你必须找出这颗种子，并且以明确的目标给它养分并栽培它，否则它不可能开花结果。因为上帝时刻在冷眼旁观着那些企图不劳而获的人。

当然，上帝虽然不会帮助所有的"自助之人"，但是上帝一定只帮助"自助之人"。只有你自助，上帝才帮你。

可能每个人都或多或少经历过失败，关键看你如何面对。

1. 诚恳而真挚地对待帮助过你或在失败时被你无意伤害了的人。在你失败的时候千万不要躲避、隐瞒或欺骗他们。如实告之你的境况，请求他们的理解是你渡过失败难关的第一关。

2. 请了解情况的朋友帮助你分析你的处境。再冷静的人在这种时候往往也不能清醒地对待自己的处境，这时，你没有必要仍然只相信你自己。

3. 整理所剩资源。这是你必须面对的严酷现实。清理现有资源中有价值的资源是你得以翻身的资本。

4. 反思失败的原因，抓住身边的机遇。

在最短的时间内控制住自己的情绪，学习新的知识以及别人的成功经验，将有助于你开始新的实践。

2. 谈笑风生走坎坷

做人箴言

逆境是不会永久存在的，不灰心的人，永远没有失败。

——拿破仑·希尔

一个女孩对她智慧的父亲抱怨，说她的生命是如何如何痛苦、无助，但是问题似乎依旧一个接着一个出现，让她毫无招架之力。她已失去方向，整个人惶惶然然，只想放弃。

当厨师的父亲，二话不说，拉起女儿的手，走向厨房。

他烧了三锅水，当水滚开之后，他在第一个锅里放进萝卜，第二个锅里放了一颗蛋，第三个锅里则放进了碾成粉状的咖啡。

女儿望着父亲，不知所以然。一段时间后，父亲把锅里的萝卜、蛋捞起来各放进碗中，把咖啡滤过倒进杯子，问："宝贝，你看到了什么？"女儿说："萝卜、蛋和咖啡。"

父亲让女儿摸摸经过沸水烧煮的萝卜，萝卜已被煮得软烂；他又让女儿将那颗鸡蛋敲碎剥去蛋壳；最后，他让女儿尝尝咖啡。

女儿恭敬地问："爸爸，这是什么意思？"

父亲解释，这三样东西面对相同的逆境——煮沸的开水，反应却各不相同。

原本粗硬、坚实的萝卜，在滚水中却变软了，虚烂了；原本脆弱而易碎的鸡蛋，它那薄硬的外壳起初保护了它液体似的内脏，但是经过滚水的沸腾之后，内脏却变硬了；而粉末似的咖啡则更为特别，在滚烫的热水中，它竟然改变了水。

父亲的用意很明显，他要告诉女儿，大多数人在生活中都会遇到很多的障碍，不可能事事顺利。有些人面对困境的做法就是等待与忍耐，以时间换取空间，但是等到最后通常也还是苦了自己，生活并不会因为你的坐待而有任何改变。

换言之，不少人在逆境面前往往习惯于自我放弃，因为他们常以颓丧的心情、低落的情感来破坏、阻碍自己的生命游戏。要知道，一切事情的成功，全靠我们的勇气，全靠我们对自己有信心，全靠我们抱着乐观的态度。然而很多人却不明白这一点。当事情不顺利时，当他们遇到不幸或痛苦经历时，他们往往会听任颓废、怀疑、恐惧、失望等思想主宰自己，破坏自己多年苦心经营的计划。他很像井底的青蛙，辛辛苦苦地向上爬，但一失足就前功尽弃了。

一个能够在逆境中保持微笑的人，比一个面临艰难困苦就崩溃的人要拥有更多有价值的东西。

人生的境遇是不平坦的，有时候是高峰，有时候是低谷。处于顺境时，不要过分陶醉得意，要留有余地；处于逆境时，也不必悲观自怨，只要有勇气面对，也许从这一站到下一站，你不但已经脱离了原来的泥淖，还能开创新的契机。

有这样一个小故事。两条欢天喜地的河，从山上的源头出发，相约流向大海。它们各自分别经过了山林幽谷、翠绿草原，最后在隔着大海的一片荒漠前碰头，相对叹息。

若不顾一切往前奔流，它们必会被干涸的沙漠吸干，化为乌有；要

是停滞不前，就永远到达不了自由的、无边无际的大海。云朵闻声而至，给它们提出了一个拯救的办法。

一条河绝望地认为云朵的办法行不通，执意不就范；而另一条河则不肯就此放弃投奔大海的梦想，毅然化成了蒸汽，让云朵牵引着它飞越沙漠，终于随着暴雨落入大海。

不相信奇迹的那条河，宿命地流向前方，被无情的沙漠吞噬了。

生活也是如此。如果你是一个积极而乐观的人，面对困难，反而会激发你潜藏的韧性、解决问题的智能和增强心理素质的信念，别人不给你机会，你更该自己创造机会；没有人疼惜，自己更应该疼惜自己，千万不要让自己处在风声鹤唳当中，你顾影自怜、自怨自艾，那只能加速让自己出局的时间。

所以，让逆境摧折你，还是你来转变逆境，秘诀其实一直就掌握在你自己的手中。而你在困境中的心态如何，将是决定是否启用它的直接引因。

人不应该把自己降为感情的奴隶。无论你周围的事情是多么的艰难，你都应努力去面对。让自己从不幸中振奋起来，背向黑暗，面对光明，阴影自然会被你抛弃！

假如你能坚决拒绝那些夺去你快乐的魔鬼；假如你能紧闭你的心扉，而不让它们闯入；假如你能明白，这些魔鬼的存在，只是你自己为它们提供了方便，那么它们就不会再光顾你左右了。努力培养愉快的心境吧，这样可以让你在困境面前不会走得那么艰难。

我们不喜欢那些忧郁、沉闷、对生活失去信心的人。我们会本能地趋向于那些和蔼可亲、趣味盎然的人。我们要让别人能够喜欢我们，首先要使我们自己变得和蔼可亲和乐于助人。

当身处困境而感觉忧郁、失望时，应当努力改变环境。无论遭遇怎样，不要总想到自己的不幸，不要多想目前使你痛苦的事情。应该养成一个不允许任何可能引起不快的想法或暗示侵入你心中的习惯，因为那些想法与暗示，会给你带来不良的影响。

试着走进有趣的社交圈中，寻求一些可以使你发笑、使你高兴的娱乐，这是一种精神的更新。这种精神的更新，有时能在与孩子玩耍时找到，有时能在戏院中找到，有时能在有趣的对话中找到，有时能在埋头于一本有趣的书本中找到，有时能在睡眠中找到。

另外，尽快而积极地提升自我的能力。趁着这一段被压抑的时光好好学习，用强劲的实力去证明自己的价值与尊严，把危机当成是自己的转机。成功者之所以成功，所凭借的无非是在困境时拥有万全的准备。人在顺境的时候，较容易划地自限，在逆境中，反而较能激发潜能，再加上平时积极充实多方面的知识，多培养专业技能，凡事尽其所能，作最坏的打算，做最好的准备。机遇永远是留给准备好的人。

行动方略

人在遇到坎坷时，往往会缺乏安全感，使工作和生活都受到影响。那么，面对坎坷应如何调整呢？

1. 要冷静分析，从客观、主观、目标、环境、条件等方面，找出受挫的原因，采取有效的补救措施。

2. 保持自信、乐观的态度，要认识到正是挫折和教训才使我们变得聪明和成熟，正是失败本身才最终造就了成功。

3. 向他人（朋友们）倾诉遭遇坎坷的压抑心理，以求身心的放松，从容面向未来。

4. 补偿。预期目标受挫，改行别的途径，或者重新制订目标，获得新的胜利，即"失之东隅，收之桑榆"。这是人的

一种心理防卫机制。

5. 善于化压力为动力。

如果把生命化作一把披荆斩棘的"刀"，那么，坎坷就是一条铺满"顽石"的路。为了使青春的"刀"更锋利，我们必须勇敢面对坎坷的磨砺。

3. 心理加油站

做人箴言

我可以接受失败，但无法接受放弃。

——乔丹

放弃，是一个念头；而永不放弃，则是一种信念！

人的一生，不可能都一帆风顺，或多或少总会有一些坎坷和波折。世上之所以有强者和弱者之分，是因为前者在接受命运挑战时说："我永远不会放弃！"这种人虽然不多，但他们却往往能赢得大多数人的掌声；而后者却说："算了，我放弃！"这种人就极易变成普通得没有一点棱角的人。

迈克尔·乔丹是美国最伟大的篮球运动员。成为乔丹式的人物，是所有美国人的梦想。

乔丹来自纽约的布鲁克林区，后来进入北卡罗莱纳大学学习，在那里，他的篮球天赋开始显现。加盟芝加哥公牛队后，乔丹率队6次获得NBA总冠军，5次赢得最有价值球员（MVP）的称号。两度宣布退役，又两度宣布复出，最终于2003年从华盛顿奇才队退役。据估计，截至2002年，飞人乔丹的财产总数为4.02亿美元。

乔丹第一次复出时，许多人说复出只会给他自己脸上抹黑。其实，乔丹自己也明白，肯定技不如前。但他为什么还要一次又一次复出呢？也许会有一些商业上的原因，也许还有其他方面的理由，不管是什么原因，最终决定的还是乔丹自己。那他为什么要选择复出呢？"我可以接受失败，但无法接受放弃。"就是最好的诠释！

乔丹最终"失败"了，但并不因为乔丹的"失败"而被小看。相反，我们可以从乔丹的"失败"中读出乔丹内心那种"永不放弃"的可贵品质与精神。也正因为乔丹具有这种"永不放弃"的精神，才造就了一个乔丹时代的形成。

永不放弃，是一种信念，也是一种勇气。拥有了这种勇气，我们才会对明天永远充满希望。

一位百岁老人在他的生日宴席上被其中的一个孙子问了这样一个问题："爷爷，您这一辈子最令您得意的一件事是什么？"

老人想了想说："是我要做的下一件事。"

另一个孙子听后，接着问道："那么，您最高兴的一天是哪一天呢？"

老人回答："是明天，明天我就要着手新的工作，这对于我来说是最高兴的事。"

旁边的一个已经成为著名作家的重孙子不禁插话道："那最令您感到骄傲的子孙是哪一个呢？"

他认为老人一定会说是他自己。但是，老人的回答却令他失望，老人说："我对你们每个人都是满意的，但是要说最满意的，现在还没有。"

重孙子心有不甘地问："您这一辈子，没有做成一件感到最得意的事情，没有过一天最高兴的日子，也没有一个令您最满意的孙子，您不觉得遗憾吗？"

老人听后哈哈大笑，他说："我给你们讲一个故事。一个在海上迷失了方向的人，身边只剩下了半壶水，但是他一直没舍得喝一口，后来，他终于登上了陆地。现在，我来问你们，如果他当天就喝完那壶水的话，他还能到达陆地吗？"

孙子们纷纷回答说："不能！"

"那你们能告诉我为什么吗？"老人反问。

那个重孙子若有所悟地回答道："因为那水是他活下去的希望，一旦喝光了，他就会丧失希望和欲念，那么他的生命也就会很快地枯竭。"

老人对生活的信念是如此的强烈，不禁令我们明白了放弃就意味着懦弱、退缩，是对人生的逃避，是对命运的屈服。人生只有希望不断才会生生不息。

所以，永不放弃，是做人的准则。虽然我们不可能做什么事都成功，但只要努力做了，珍惜了机遇，没有白白地放弃，即使不会一切尽如人意，但我们的人生也仍然是有价值的，有意义的。

花谢了还有再开的时候，太阳落了还有再升起的时候，大海的浪花虽然被礁石击成碎片，但它并没有就此退缩不再继续努力。永不放弃就是一种锲而不舍的精神。

成功不是偶然，失败不是命运。永不放弃是积极的行动。人生之路岂能尽如人意，但求无愧于心。生活并非希翼般的美好，可我们还要活在现实中。

面对生活，请不要放弃，人生贵在希望，贵在坚持，贵在把握。

抓住梦想与理想，这一生我们惟一要做的是：永不放弃！

做人做到位的9大绝学

ZUORENZUODAOWEI DE9DAJUEXUE

　　要成功，就不要给自己找借口。

　　不要抱怨一些外在的条件，甚至于自己的智商。当你在抱怨的时候，实际上是在为自己找借口。而找借口的惟一好处就是安慰自己：我做不到是可以原谅的。它让你满足于现状不思进取，并且给你一种心理暗示：我克服不了这个客观条件造成的困难。

　　寻找借口就是对所做事情的拖延和放弃，它会让你失去别人的信任，包括上司和朋友。

4. 吃亏是福

做人箴言

古人云：用争夺的方法，你永远得不到满足；但用退让的办法，你可以得到比期盼的更多。换言之：吃亏是福！

当年"扬州八怪"之一的郑板桥，曾经说了两句流传千古的至理名言："难得糊涂"，"吃亏是福"。

这两句名言包含着人生的两种境界，"难得糊涂"比较容易被世人所理解。而"吃亏是福"却很难被急功近利之人理解和认同。在许多人眼中，"吃亏"是一种愚蠢的行为。其实那只不过是一种表象而已。如何理解呢？我们用一个例子来说明——

有个砂石老板，没有文化，也绝对没有背景，但生意却出奇的好，而且历经多年，长盛不衰。说起来他的秘诀也很简单，就是与每个合作者分利的时候，他都只拿小头，把大头让给对方。

如此一来，凡是与他合作过一次的人，都愿意与他继续合作，而且还会介绍一些朋友，再扩大到朋友的朋友，也都成了他的客户。人人都说他好，因为他只拿小头，但所有人的小头集中起来，就成了最大的大头，他才是真正的赢家。

49

古人说:"得人心者得天下。"这位砂石老板就是通过吃亏而获取了无数的生意伙伴。所以说,塞翁失马,安知非福。吃得一时的小亏,谁又能断定日后没有回报呢。

还记得古语"吃一堑长一智"吗?在人生的长河中,我们常常被利益牵着鼻子走,而生存的需要也迫使我们不能不关心利益。付出了多少,就该收获多少,这是无可厚非的,在正常的情况下,也是可以做到的。但是,人生的搏击并不总是有公正无私的裁判在场,在信息不对称的情况下,在交易双方势力相差悬殊的情况下,吃亏有时也是难免的。但是,如果你能正确地调整心态,就会发现你能从一次损失中获取一两条对人生、事业有所裨益的启发,那是千金难买的资本,更是一笔无形的财富。

盛大网络现任总裁唐骏在卡拉 OK 盛行的时候,曾研发过一个专门用于卡拉 OK 设备上用的打分机,演唱者唱完一首歌后,打分机会自动打出分数,这一设备增加了卖点。三星公司以 8 万美元的价格买断唐骏该项专利后,其卡拉 OK 设备在整个市场上所占的份额一下子从百分之十几提高到百分之三十多。三星的竞争对手日本先锋公司为了能购买到此项专利使用权,向三星公司支付了 150 万美元。很多朋友都觉得唐骏特别亏。

而国内软件行业的旗帜型人物求伯君做的第一桩买卖更亏。他编写的西山文字打印驱动程序以 2000 元的价格卖给了四通公司后,四通公司将该程序以 500 元一套的价格卖了好几百套。

但是当这两位 IT 行业的风云人物,谈及早年的吃亏经历时,却都对当年的吃亏心怀感激。唐骏说,应该感谢三星公司,如果没有三星来买这项专利,就没有我创业之初的 8 万美元启动资金,也许后来的事业不会有现在这么顺利。同时,唐骏也认为,这件事也教会他如何将专利变成商品,使他从一个学者型的人变成一个事业型的人。求伯君则认

为，四通也没有薄待他，录用他做了一段时间的专职软件技术员，从而为他后来步入金山公司、开发 WPS 软件奠定了基础。更重要的是，这次买卖让他明白了经营在软件行业中的重要性，以后，他把金山公司总裁的位置让给了有经营头脑的雷军，自己专心搞软件开发，金山公司迅速腾飞，而求伯君也因此成为 IT 行业的巨富。

吃亏是一所好的学堂。人生一世，不会总是一帆风顺。与其在逆境到来时措手不及，不如在顺境中多碰碰壁，尝尝吃亏的滋味。

《时尚 BAZAAR》杂志的主编苏芒是个文学青年，对文学有着执著的热情。进入《时尚》杂志后，她的理想是当一名文字编辑。但在干了一段时间的编辑工作且成绩不错的情况下，领导却让她去跑广告。从办公室的安逸中走出，体味拉广告的千辛万苦，还要处处求人，有人说她太吃亏，苏芒却坦然面对。跑了五年的广告，在与大量的广告客户交往的过程中，她对时尚品牌有了深刻的理解，对杂志社的经营管理有了自己独到的思路。在她的协助下，杂志社先后创办了《时尚健康》和《时尚 BAZAAR》两本刊物，她本人也一步步走到《时尚 BAZAAR》杂志主编的位置。

综观以上三位成功人士的吃亏经历，竟然都被当事人理解为一种福分，一种经验积累，这对我们常人来说是颇具启发意义的。

但在现实生活中，能够主动吃亏的人实在太少，这是因为人性的弱点，很难拒绝摆在面前本来就该你拿的那一份，也还因为大多数人缺乏高瞻远瞩的战略眼光，不能舍眼前小利而争取长远大利。

日本有一个奇士达公司，其经营理念是："吃亏就是占便宜，所以情愿选择吃亏一途。"对于以利益为目标的企业来说，这种经营理念，实在是令人难以置信。人们不禁怀疑：这样的公司生存得下去吗？会有利润吗？

可事实上，奇士达公司却快速地成长起来，并成为年营业额 2000

亿日元的绩优公司。那些好听的经营理念，成了公司的发展商机。

企业最怕赔钱，吃亏的生意是不做的，而奇士达公司将这些没人愿意做的生意承接下来，反而没了竞争对手，生意自然很好。许多公司不愿损失，而奇士达公司却因为做没人愿做的生意，反而带来商机。

当然，能不能主动吃亏，与实力有关，因为吃亏以后利润毕竟少了，而开支依然存在，就很可能出现亏空。如果你所吃的亏能够很快获得回报那还挺得住，反之，吃亏就等于放血，对体弱多病的人来说，可能是致命的。

强者恒强，很多时候就因为强者有吃亏的本钱；而弱者，就算想吃亏也吃不起，因此，弱者的生存，实在是更难。

所以，吃亏是福，吃小亏是占大便宜。但是吃亏也是有技巧的，会吃亏的人，亏吃在明处，便宜占在暗处，让你被占了便宜还感激不尽，这也是一种做人的智慧。

行动方略

从医学的角度来看，长久的心理失衡会影响身心健康。古人云："吃亏是福。"只要不是原则上的事就不必计较，欣然接受现实，也许会活得更潇洒、更健康。可以这样想，多做一点事，也没什么损失，又有什么亏可吃呢？俗话说得好："境由心造。"如果我们只看到不利的一面，不免会失意沮丧；如果我们多看到有利的一面，就会感到欣喜和满足。常常想着"吃亏是福"这句老话，就能天天开心。

5. 与现实面对面

做人箴言

成功学大师卡耐基也说："有一次我拒不接受我遇到的一种不可改变的情况。我像个蠢蛋，不断做无谓的反抗，结果带来无眠的夜晚，把自己整得很惨。经过一年的自我折磨，我不得不接受我无法改变的事实。"

在荷兰阿姆斯特丹，有一座 15 世纪的寺院，寺院的废墟里有一个石碑，石碑上刻着这样一句让人过目不忘的题词："既已成为事实，只能如此。"

生活中充满了不可捉摸的变数，如果它给我们带来了快乐，当然是很好的，我们也很容易接受。但事情却往往并非如此，有时，它带给我们的会是可怕的灾难，这时如果我们不能学会接受它，反而让灾难主宰了我们的心灵，那生活就会一片黑暗。

科学家塔克斯总是说："人生加诸我的任何事情，我都能接受，只除了一样，就是瞎眼。那是我永远也没有办法忍受的。"然而，在他 60 多岁的时候，他患了白内障，他最害怕的事情终于发生了。塔克斯在自怨自艾了半年后，突然醒悟道："我发现自己能承受失明，即使是我五

种感官完全丧失了，我还能够继续生存在我的思想里，在思想里看，在思想里生活。"

为了恢复视力。塔克斯一年之内接受了 12 次手术，他知道没有办法逃避，惟一能减轻痛苦的办法就是欣然承受。

这件事使他了解到生命所能带给他的没有一样是他不能忍受的，对于现实他自己是这样说的："瞎眼并不令人难过，难过的是你不能忍受瞎眼。"

没有人有足够的精力，既能抗拒不可避免的事实，又能创造一个新的生活。你只能选择一个，你可以在那不可避免的暴风雨下弯曲身体，或者因抗拒它们而被摧折。也就是说，当我们无法改变失败和不幸的厄运时，要学会接受它，适应它。事情本身并不能使我们快乐或悲伤，我们的反应才能决定我们的悲欢。

拉莎·本哈特曾是全世界最受观众喜爱的女演员，但是，她在 71 岁那年破产了，而她的医生又在此时告诉她必须要锯掉她那条因为摔伤而染上静脉炎的腿。医生在说完这一切后很担心地看着拉莎，怕她接受不了。然而，事实却出乎他的意料，拉莎只是看了他一阵子，然后很平静地说："如果非这样不可的话，那就只好这样了。"

当她被推进手术室的时候，她的儿子站在一边痛哭，她朝他挥了挥手，温和地说："不要走开，我马上就回来。"在去手术室的路上，她一直背着她曾演过的一场戏中的台词，有人问她这么做是不是为了给自己鼓气，而拉莎却说："不是的，是要让医生和护士们高兴，他们受的压力可大得很呢。"

手术后，拉莎·本哈特还继续环游世界，进行演说，使她的观众又为她疯狂了七年。

生活有时就是这样不公平，这着实让人不愉快，但确是实情。我们许多人所犯的一个错误便是为了自己或为他人感到遗憾，认为生活应该是公平的，或者终有一天会是公平的。其实不然，现在不是，将来也不会。

承认生活并不公平这一事实的好处便是它能激励我们尽己所能，而不再自我伤感。我们知道，让生活中的每件事情都完美并不是"生活的使命"，而是我们自己对生活的挑战。承认这一事实也会让我们不再为他人遗憾，每个人在成长、面对现实、作种种决定的过程中都有各自不同的能力和难题，每个人都有感到成为牺牲品或遭到不公正对待的时候。

承认生活并不公平这一事实并不意味着我们不必尽己所能去改善生活，去改变整个世界；恰恰相反，它正表明我们应该这样做。当我们没有意识到或不承认生活并不公平时，我们往往怜悯他人也怜悯自己，而怜悯自然是一种于事无补的失败主义的情绪，它只能令人感觉比现在更糟。但当我们真正意识到生活并不公平时，我们会对他人也对自己怀有同情，而同情是一种由衷的情感，所到之处都会散发出充满爱意的仁慈。当你发现自己在思考世界上的种种不公正时，你或许会惊奇地发现它会将你从自我怜悯中拉出来，采取一些具有积极意义的行动。

总之，我们承认生活是不平等的客观事实，并不意味着一切消极的开始，正因为我们接受了这个事实，我们才能放平心态，找到属于自己的人生定位。

行动方略

面对不可避免的事实，应该学做诗人惠特曼所说的那样。

"让我们学着像树木一样顺其自然，面对黑夜、风暴、饥饿、意外等挫折。"

比尔·盖茨的成功经历为我们指出从容面对现实的方法：

1. 脚踏实地地追求奋斗目标。期望越高，失望越沉重，我们应该追求与自己的能力相当的目标。

2. 期望应该具有连续性。

让你的期望值具有连续性。爱迪生发明灯泡，先后试制了一万多次。要提高克服失望情绪的能力，就要增强自己承受挫折的耐力。

6. 人格保卫战

　　具有健康人格的人是超越自我的人。超越自我的人被概括为：在选择自己的行动方向上是自由的；自己负责处理自己的生活；不受自己之外的力量支配；缔造适合自己的有意义的生活；有意识地控制自己的生活；能够表现出创造的、体验的态度；超越对自我的关心。

人格，似乎是一个很学术的名词，实际上，如果对人格略有所知的话，我们就能在日常生活中观察到"人格"。一个人乐观自信，不怕失败，活跃而有创造力，我们会说："这个人具有健康人格"；若一个人没有安全感，常感自卑，或常主动攻击他人，我们会说："这个人可能有人格障碍"。通常我们会将它称之为"人品"。它和一个人的素质、情绪、行动倾向、行动样式、习性、态度等都有不可分割的关系。

　　人，必须在各种各样的环境中生存。同学间、同事间、夫妻间、朋友间，与上司、远亲、近邻、路人，每个场合所应该采取的应对方式都不尽相同，除了要充分洞察现实环境之外，没有成熟的人格，是很难适应这些复杂而瞬息万变的环境的。

一般而言，高尚的品德即是一种完善的人格，它是人生的桂冠与荣誉，它是一个人的人格与品格的表现。高尚的品德是人生的财富，而且是任何物质不能与这媲美的财富。也许我们会发现，有些人并没有值得人尊重的才华，但是，却受到世人的尊重。这是为什么呢？在这些人的身上，我们能够感觉到一种亮闪闪的人格魅力。这种人格魅力是不能与实际能力和才华相提并论的。如果将两者进行比较，高尚的品德更能赢得人们的尊重。

很多年前，有一位学大提琴的年轻人向本世纪最伟大的大提琴家卡萨尔斯讨教：我怎样才能成为一名优秀的大提琴家？

卡萨尔斯面对雄心勃勃的年轻人，意味深长地回答：先成为优秀的人，再成为一名优秀的音乐人，然后就会成为一名优秀的大提琴家。

如果年轻人能在开始创业时，就这样下定决心：将自己的人格力量当做事实的资本，做任何事情，都不要背叛人格，那么在日后，即使不能名利双收，也不会在事业上遭到失败。反之，一个丧失人格魅力的人，永远不能长久地处于成功的状态中。

曾经有一位名叫穆巴拉哈的犹太商人，因为品德高尚而受到人们的尊重。穆巴拉哈拥有大量的财富，但是，他的成功之路却坎坷曲折、困难重重。当他还是一个小商贩的时候，他常常与别人合作。

有一次，他努力赚到了一笔资金，准备与一位富商合作，将自己的商业计划变为现实。那位富商想盗用他的商业秘密，就假装答应了。事实上，当穆巴拉哈将商业计划说出来以后，那位富商却不讲信用，将穆巴拉哈一脚踢开。这使穆巴拉哈遭受到沉重的打击，他在很长一段时间里意志消沉。之后，穆巴拉哈清醒过来，并坦然面对："不就是做生意的想法嘛，我多得是，只是苦于没有资金。"经过几十年的努力，穆巴拉哈成了一位非常成功的商人。他没有因那件事而耿耿于怀，而是用自己的力量又去帮助其他人，使他们也获得了巨额的财富。穆巴拉哈说：

做人做到位的9大绝学

ZUORENZUODAOWEI DE9DAJUEXUE

"我愿意与别人分享财富，我愿意看到别人成功。"

穆巴拉哈因为人格魅力而受到人们的尊重，同时他自己也承认，这对他的致富起到了非常重要的作用。他甚至说："如果我也采取恶劣的态度对待别人，他们不会尊敬我，在工作中也不会帮助我。所以，我的成功有他们一半的功劳。"

一个人知道尊重自己的人格，不把自己当做一件商品，不肯为了薪水、金钱、势力、地位出卖自己的人格，降低自己的操守，那么他一定能成为社会中的重要人物。

一个秋天，北大新学期开始了。一个外地来的学子背着大包小包走进了校园。他实在太累了，就把包放在路边。这时一位老人走来，年轻学子拜托老人替自己看一下包，而自己则轻装去办理手续。老人爽快地答应了。近一个小时过去，学子归来，老人还在尽职尽责地看守。

几日后是北大的开学典礼，年轻的学子惊讶地发现，主席台上就座的北大副校长季羡林正是那一天替自己看行李的老人。

这件事使人明白这样一个道理：人格才是最高的学位。

在今天这个物质主导的时代，在很多人的眼里，人的品德与人格似乎变得不重要了，大家需要的是丰富的物质。

而林肯对这一切却给了我们这样一个答案：他在做律师时，有人请他为一件诉讼案中理屈的一方辩护。他回答说："我不能做这件事，因为到了当庭陈词时，我心中一定会不停地想：林肯，你是说谎者，你是说谎者！我相信，那时我会忘形而高声喊出来的。"

在人的一生中，物质始终只是一部分，而品德却是支撑一个人的主要力量。如果一个人缺少了人格魅力，就仿佛只有躯体而没有灵魂。所以，我们应该认识到，人格与品德是我们的财富。

做人做到位的9大绝学
ZUORENZUODAOWEI
DE9DAJUEXUE

被称为"人格研究界第一人"的哈佛教授G．W．欧尔波特（1897—1967），提出了成熟人格的六要素，作为"人格成熟的基准"。

1．自我意识（自我感觉）的扩大。从婴儿时期的"这是我的东西"的意识，扩展到职业、家庭、集团、地域社会、国家的话，便可视为成熟人格的表征之一。

2．和他人的密切联系。不在背后说人坏话、挑人毛病、发牢骚、嫉妒。宽容对方，不排斥对方，懂得包容对方的缺点。

3．情绪稳定（自我包容）。把愤怒、恐惧、激情、性的冲动，当做是一种"自我情绪"来处理。不盲目压抑，不乱发脾气，不随便责怪他人，自怜自艾。

4．面对现实的知觉、技能。能够正确认知现实，而且具备解决问题的技能。

5．自视客观——洞察和幽默。要真正地洞察自己、了解自己。除此之外，以幽默的态度面对生命中的起起落落，才是成熟人格的表现。

7. 给恐惧一面镜子

做人箴言

　　恐惧也许不受人欢迎，但它的存在却是再正常不过的。每位成功的演说家都有他或她自己避免恐惧的小诀窍。温斯顿·丘吉尔喜欢假装把每位听众都当成裸体的；富兰克林·罗斯福则会假设所有的人袜子上全都有破洞；卡罗·贝内特会认为他们全都坐在抽水马桶上。问题在于，即使开场前你的大脑仍然在高速运转，用各种各样的恐怖情形来恐吓你，但你仍然可以通过丰富的想象力来玩一把游戏，从而使得自己获得自信和对场面的掌控感。

　　从前，在杞国有一个胆子很小、而且有点神经质的人，他常会想到一些奇怪的问题，让人觉得莫名其妙。

　　有一天，他吃过晚饭后，拿了一把大蒲扇，坐在门前乘凉，并且自言自语地说："假如有一天天塌了下来，那该怎么办呢？我们岂不是无路可逃，活活地被压死，这不是太冤枉了吗？"

　　从此以后，他几乎每天为这个问题发愁、烦恼。朋友见他终日精神恍惚，脸色憔悴，很替他担心。但是，当大家知道原因后，都跑来劝他说："老兄啊！你何必为这件事自寻烦恼呢？天怎么会塌下来呢？再说

即使真的塌下来，那也不是你一个人忧虑发愁就可以解决问题的啊。想开点吧！"

可是，无论人家怎么说，他都不相信，仍然为这个不必要的问题担忧。

后人根据上面这个故事，引申成"杞人忧天"这句成语，它的主要意义在于唤醒人们不要为一些不切实际的事情而忧愁。

现实生活中，我们发现身边总有这样一种人，他看到别人的成功后总是认为人家运气好，机会好。晚上回到家里脑子里想法也很多，我要这样，我要那样，甚至连等有钱之后怎么用都想到了。但第二天闹铃一响，洗脸、刷牙，按固定的路线到单位签到上班，趁领导不注意，溜出去吃一顿廉价的早餐，然后小心翼翼地回到办公室……日复一日，年复一年，最后只好把自己的理想和抱负寄托在自己的孩子身上。某一天，他深情而严肃地对孩子说："爸爸（妈妈）这辈子机遇不好，没啥指望了，你可要好好努力，抓住机遇，不要让我太失望噢！"真是可怜天下父母心啊！

我们仔细分析一下，这种人为什么一生碌碌无为？应该说他曾经有过理想和追求，也应该有过一个如何创业的计划。但他的理想和计划却被无情地湮没在他那恐惧失败的心理上。他不断问这个计划能否实现创业目标，万一失败了怎么办？并把失败后的悲惨情景在大脑中反复演示了若干遍，最后在"理想"和"现实"两者之间，他选择了"现实"，把"理想"留给了孩子，而这一切应该说都是"恐惧"惹的祸！

所以，恐惧是人类最大的敌人。它能摧残一个人的意志和生命，它能影响人的胃，降低人的修养，减少人的生理与精神活力。它能打破人的希望，消磨人的意志，使人心力"衰弱"，不能创造或从事任何事业。

许多人对一切都心怀恐惧：怕雷电、火灾、地震、生病、高考、失恋，经商怕亏本，怕人言，怕舆论……

做人做到位的9大绝学

ZUORENZUODAOWEI DE9DAJUEXUE

正是这种如影相随的恐惧心理，缩短了我们的寿命，破坏了我们的心理平衡。然而，大事业是不能在恐惧的心情下做成的。

因此，要拒绝恐惧，不要让恐惧深入你的心底，不要想恐惧的东西，一旦产生了恐惧心理，应当迫使自己拿出勇气来与之对抗。

有这样一个小故事也许对你能有所启发：

从前，在马里兰州的一座种植园里住着一家黑人。一天，黑人家里的一个10岁的小女孩被遣到种植园主那里索要他们的50美分工钱。

园主放下自己的工作，看着那个黑人小姑娘敬而远之地站在那里，似乎若有所求。问道："你有什么事吗？"

黑人小姑娘怯声声地回答："妈妈说想要50美分。"

园主用一种可怕的声音和斥责的脸色回答："快滚回家去吧，不然我用锁锁住你。"说完便继续做自己的工作。

过了一会儿，他抬头看到黑人小姑娘仍然站在原地等着，便抓起一块木板向她挥舞道："如果你再不滚开的话，我就用这木板教训你。趁现在我还……"谁知，他的话还没有说完，那黑人小姑娘突然飞快地冲到他面前，扬起脸来用尽全身的气力向他大喊："我妈妈需要50分。"

慢慢地，园主将木板放了下来，手伸向口袋，摸出50美分给了那个小姑娘……

这就是勇气的力量。因此，如果你担心自己的事业，就不应当想到自己是怎样的弱小无能、怎样不堪重任，否则，你终将会失败。应当尽量发挥自己的优势，利用过去的经验应付现在的问题。只要有勇气与信心，你就能从心态上战胜恐惧。

做人做到位的9大绝学

ZUORENZUODAOWEI
DE9DAJUEXUE

恐惧能摧残人的意志，会让人意志消沉。怎样才能消除恐惧，战胜恐惧呢？

1. 勇敢面对。如果一味地逃避，只会让我们越来越不自信。

2. 顺其自然。为了使自己不再恐惧，就去做让自己害怕的事情吧。

3. 不可回避时就将它转移。把注意力从恐惧中转移到其他方面，减轻内心的恐惧。

4. 让心理习惯它。经常主动接触自己所惧怕的对象，就会逐渐消除对它的恐惧。

5. 抗争比忍受好。与其忍受恐惧，不如与之抗争，因为忍受恐惧，要比抗争恐惧更难受。

第三章 从容自信，做个大写的"人"

1. 努力让自己一生诚实

做人箴言

　　我国著名的翻译家傅雷先生说："一个人只要真诚，总能打动人。即使人家一时不了解，日后也会了解的……我一生做事，总是第一坦白，第二坦白，第三还是坦白。绕圈子，躲躲闪闪，反而容易叫人疑心。要手段不如光明正大，实话实说。只要态度诚恳、谦卑、恭敬，无论如何人家不会对你怎么样的。"

　　谈到诚实，你也许会认为有些乏味，有些陈旧。但是"诚实"确实是我们每一个人生命中不可或缺的一种品质。

　　一个诚实的人在别人面前总是问心无愧。他总是说他所想，做他所说。这就是言行一致，心口如一。如果口是心非、表里不一，就会产生人与人之间的隔阂和障碍，造成彼此不愿意被对方接受。所以，一个诚实的人，不会虚伪，不会做作，不会让别人产生迷惑和不信任感。因此，诚实有助于我们形成完整统一的生活，因为诚实是内在与外在完全

一致的效果，而诚实的价值就体现在人的行为之中。

日本山一证券公司的创业者、小池银行和东京煤气公司的董事长小池园国三，就是靠诚实的品德走向成功的。小池 13 岁就背井离乡，去做小店员。20 岁时开了一家商店并替一家机器制造公司当推销员。有一个时期他推销机器非常顺利，在半个月内就跟 33 位顾客做成了生意。但很快他发现了他新卖的机器比其他公司出品的同样性能的机器要卖得贵。他认为，跟他订约的客户一旦知道会被当成冤大头而感到难受。于是，大感不安的小池立即带上订约书和定金，整整花了三天的时间，逐家逐户地去寻找顾客，老老实实地向他们说明情况，并请顾客废弃契约。这种诚实的做法使每一位订户都深受感动，结果不仅 33 人之中没有一个跟小池废约，反而加深了对小池的信赖和敬佩之心。

当消息传开后，人们知道小池经商诚实，纷纷前来他的商店购买商品，或是向他订购机器，他很快便成了有钱人，不久就创立了山一证券公司。这位出身贫寒的小池成为大企业家之后说："生意成功的首要条件是诚实，诚实就像是树木的根，如果没有根，树木就不可能有生命了。"

做生意是这样，做人又何尝不是如此呢？即使做不到完全的大公无私，也不能时时处处只想到自己，更不能把利己的动机建立在损害他人利益的基础上。

然而，有不少人对诚实正直这些优秀品质和处世原则不屑一顾，甚至认为诚实就是傻，诚实之人就是傻子，混不开，吃不香，似乎只有"又厚又黑"才能成功。

其实，诚实正直的品质如同沙漠中的泉水、黑暗中的灯火，弥足珍贵。在人与人的交往中，一切的虚情假意、曲意奉承总会有被揭穿的一天。尽管有人利用它爬上了高位，但谁能保证他不摔下来呢。

国外某大公司公开招聘副经理，总经理一见到应聘者汤姆，就马上从座位上跳了起来，大喜道："上个月我在高速公路旁出了车祸，幸亏您救了我。等我清醒时，您已经走了。今天，我一定要好好谢谢您！"汤姆瞪大双眼，不得其解，回答说："抱歉，恐怕您弄错了。"总经理很不高兴地说："难道我蠢得连恩人都记不住吗？"汤姆正色答道："很抱歉，那确实不是我。"回到家后，他想这次肯定落选了。没想到第二天公司居然通知他去上班。后来，总经理告诉他，根本就没有车祸那回事，可悲的是那么多的候选人中只有汤姆是诚实的。这位总经理如此考察人，真是煞费苦心。伫他遵循了一个基本原则，即诚实正直是良好人际关系、社会交往的保障。

所以，你也许会在个人生活和工作当中，可能由于诚实而失掉某些你想要的东西。但是，在漫长的人生旅途中失掉一些应有的回报算不了什么。你需要的是建立信用，树立真正诚实的名声，使自己被人信赖。

行动方略

自我成长必须在个人努力上保持清醒，在心灵上保持忠诚。清醒意味着探索和改变那些玷污自身和怀疑他人的意识和行为。心灵和头脑必须诚实，否则，就会产生自欺和欺人的倾向，习惯于用借口和迂回的解释来使问题变得模糊。当自身的镜子清澈透明，情感、性格、动机和目标就会显而易见，让人信任。正如有句俗话说的："真理之船会摇摆，但永远不会沉没。"

即使拥有诚实，船也会时而摇摆，但是值得信任的本质会保障此船永不沉没。真诚使人信任。

2. 诺言来之不易

做人箴言

　　我很愿意认为我的成功是因为我有一个聪慧的、有逻辑的头脑，但我想真正的原因是我总是遵守诺言。如果我向一位客户许诺，将在某一个特定的时间准备好资料，那么到那时我一定准备好了。这种品质在今天是如此的稀有，因而，如果你拥有它，人们就会把你当成天才。

——温德尔·威尔

信守和尊重一个诺言，要比登一座山更难。

　　有分量的诺言，犹如一座有高度的山。可悲可叹的是，我们许多人不时被困在山下。

　　鲁迅从少年时起，就已经开始把守诺重信当做自己的做人准则。他12岁在绍兴城"三味书屋"读私塾的时候，父亲正患重病，两个弟弟年幼，鲁迅不仅经常上当铺、跑药店，还得帮助母亲干家务。有一天，鲁迅在家里帮助妈妈多做了一点事，结果上学迟到了，严厉的老师狠狠地责备了鲁迅一顿。鲁迅挨训以后，并不因为受了委屈而埋怨老师和家庭，他诚恳地接受了批评。第二天，他早早来到私塾，在书桌的角上用

刀刻了一个"早"字，心里暗暗许下诺言：以后一定要早起，不迟到。父亲的病更重了，家里的负担也更重了，但鲁迅实践着他的诺言，上学再也没有迟到过。在那些艰苦的日子里，每当他气喘吁吁地准时跑进私塾，看到课桌上的"早"字，他都会觉得开心，心想："我又一次战胜了困难，又一次实现了自己的诺言。我一定要加倍努力，做一个信守诺言的人。"

鲁迅之所以如此看重诺言的实践，是因为他从小就明白，诚实守信不仅仅是一种高尚的品德，更是一个人立身处世的根本。

古人更是把诚信之言视为生命之重。所以有"一言既出，驷马难追"、"一诺千金"之成语。有一人与友人约会于河边，友未至，河水涨而那人被淹死的至死不失信的故事。商鞅为了取信于民，立木于都城南门，言将木搬至北门者，赏十金。有为之者果得金。商鞅遂推行变法成功，终于使秦国强大。

遵守诺言之人不仅可以得到别人的尊敬，更容易得到别人的帮助与支持，因为他拥有的友谊与信任感要较之常人坚实、更有力，它往往能发挥出金钱所起不到的作用。

十四年前，三个美国妇女在西海岸开了一家设计公司，为住房建筑工业提供现代化居室的设计方案。一开始，她们就把她们的事业建立在诚实、可靠上，而远远不是建立在瞬间的创作灵感上。去年，她们公司的资产已超过 2000 万。

"因为我们从来没有拖延过，"凯茜·斯科罗吉——一个合伙人说，"我们挺过了工商业衰退时期，那时我们的竞争对手纷纷宣告破产。一次，一个庞大的开幕式定于周末，而我们订购的许多家具还在从北卡罗莱纳到我们公司的途中。无奈，我们只好到零售店买了价值 5000 美元的物品，那几乎吃掉了我们大部分的利润，但我们不能让客户失望。"

萨姆娜·凯勒——某公司市销售部的经理，证实了这种可靠性的价

值。"最好的信誉是可靠。"她说,"我们会一直和这些女人打交道,因为我们知道她们一定会信守诺言的。"

一个人诚实有信,自然得道多助,能获得大家的尊重和友谊。反过来,如果贪图一时的安逸或小便宜,失信于朋友,表面上是得到了"实惠",但为了这点实惠他不仅会毁了自己的声誉,还会永远被人称为是一个诺而不应的小人。更甚者,还会因此而失去一切,甚至生命。

从前,济阳有个商人过河时船沉了,他抓住一根大麻杆大声呼救,有个渔夫闻声而至。商人急忙喊:"我是济阳最大的富翁,你若能救我,给你100两金子。"待被救上岸后,商人却翻脸不认账了。他只给了渔夫10两金子。渔夫责怪他不守信,出尔反尔。富翁说:"你一个打鱼的,一生都挣不了几个钱,突然得10两金子还不满足吗?"渔夫怏怏而去。不料想后来富翁又一次在原地翻船了。有人欲救,那个曾经被他骗过的渔夫说:"他就是那个说话不算数的人!"结果商人被淹死了。

商人两次翻船而遇同一渔夫是偶然的,但商人的不得好报却是在意料之中的。因为一个人若不守信,便会失去别人对他的信任。一旦他陷于困境,便没有人再愿意出手相救。失信于人者,一旦遭难,只有坐以待毙。

失信于人,无异于丢了西瓜捡了芝麻,得不偿失。

遵守诺言是一项重要的感情储蓄,而违背诺言却是一项重大的支取。实际上,最能导致情感大量支取的恐怕莫过于许下某个至关重要的诺言而又不履行这一诺言了。社会秩序是建立在人与人之间彼此遵守约定的基础之上的,是否实现诺言,是衡量一个人是否高尚的准则。道义、道德也都表现在守信上。

行动方略

想赢得别人的尊敬，就必须做到言必行、行必果，做到一诺千金。要确保一诺千金，心中要牢记以下几点：

1. 力求谨慎小心地许诺，不要承诺办不到的事。

2. 尽量考虑到各种可变因素和偶发事件，以防突发某些情况，妨碍诺言的履行。

3. 出现妨碍履行诺言的意外事件时，要尽一切努力去实现承诺，要么就请求收回承诺。

养成履行承诺的习惯，别人会因为你的成熟和富于预见性而倾听你的意见和劝告。忠诚会赢得信任，不忠会破坏任何为建立高度信任所作出的努力。一个人如果口是心非，就会失去其信任储备。

3. 宽人一时，宽己一世

做人箴言

莎士比亚名剧《威尼斯商人》中有一段台词："宽容就像天上的细雨滋润着大地。它赐福于宽容的人，也赐福于被宽容的人。我们应该学会对别人表示宽容……"

宽容是一门艺术，一门做人的艺术，宽容是一切事物中最伟大的行为。宽容待人，就是在心理上接纳别人。理解别人的处世方法，尊重别人的处世原则。我们在接受别人的长处时，也要接受别人的短处、缺点与错误，这样，我们才能真正地和平相处，社会才显得和谐。

哲学家康德说："生气，是拿别人的错误惩罚自己。"所以，如果能以宽容的态度面对一切，将会与"生气"绝缘。

作家罗兰是这样理解"宽容"的：对人抱持一个"恕"字，欣赏别人的长处，记住别人的好处，忘掉别人的短处，原谅别人的缺点，不去故意挑剔别人，就可以获得一种心安理得的快乐。

旧式大家庭里常因为人多嘴杂，彼此之间堆满了猜忌和嫌怨，往往养成尖酸刻薄、睚眦必报的习惯。

常见有人说话不饶人，你损我一句，我必定要报复你三句，认为是精神上莫大的胜利。事实上，无论所争执的事是大是小，既有争执和意见，心里就不会舒服。无论自己是胜是败，精神上总难免受相当的损失。为琐屑小事争强好胜的结果，必定会把无意变为有意，把小事发展为大事，以后就更难和平相处了。

古时候有个叫陈嚣的人，与一个叫纪伯的人为邻。一天夜里，纪伯偷偷地把陈嚣家的篱笆拔起来，往后挪了挪。这件事被陈嚣发现后，他并没有大吵大闹，而是等纪伯走后，又把篱笆往后挪了一丈。天亮后，纪伯发现自家的地又宽出了许多，知道是陈嚣在让着他，心中很是惭愧，主动找到陈家，把多侵占的地统统还给了陈家。

"君子成人之美，不成人之恶。小人反是。"（《论语·颜渊》）

在一定意义上，成人之美就是成己之美，即使对有错误的人也不要嫌弃，应给人提供改过的宽松条件，原谅别人的过失，帮助别人改正错误。正所谓宽人一时，宽己一世。所以，宽容也是人生的一种智慧。

春秋时五霸之一的楚庄王，一天晚上，为酬谢有功将士摆了一席盛大的酒宴，开怀畅饮。在轻歌妙舞的气氛中，忽然，灯火全部熄灭。黑暗中楚庄王的爱妾受到一个将士的调戏，她急中生智，一把抓下那个将士的头冠，让庄王点灯，捉拿那个无头冠的人。庄王不但没有发怒，反而说："无妨，此刻宴乐饮酒，不必拘泥妇人之节。"并让所有的将士都取下头冠。当灯火再亮时，将士中无一人戴头冠。真是难得的大度，十足的人情味。数年之后，楚军与晋军交战，楚军处于劣势，突然，一位将士冲向敌阵，使战斗转败为胜。这位将士就是当年调戏庄王爱妾的那个人。庄王当年是"经路窄处，留一步与人行"，他并没有期求回报却得到了回报，这正是他事业成功之所在。

生活的逻辑常常就是这样先失才有得，给予而后必有所获。深邃的天空容忍雷电风暴一时的肆虐，才有风和日丽；辽阔的大海容纳了惊涛骇浪一时的猖獗，才有浩淼无垠；苍莽的森林忍耐了弱肉强食一时的规律，才有了郁郁葱葱。

人们交往贵在与人为善，宽以待人，尽可能向他人提供方便，尽量给予他人帮助。宽以待人是道德水平较高的表现。你希望别人善待自己，就要善待别人，将心比心，多给人一些关怀、尊重和理解；对别人的缺点要善意指出，不要幸灾乐祸；对别人的危难应尽力相助，不应袖手旁观，落井下石。即使是自己人生得意马蹄疾时，也不能得意忘形，居功自傲，而是应多想想别人对自己的帮助和恩惠，让三分功给别人。人总是喜欢和宽容厚道的人交朋友，正所谓"宽则得众"。

刘秀大败王郎，攻入邯郸，检点前朝公文时，发现大量奉承王郎、侮骂刘秀甚至谋划诛杀刘秀的信件。刘秀对此视而不见，不顾众臣反对，全部付之一炬。他不计前嫌，化敌为友，壮大自己的力量，终成帝业。这把火烧毁了嫌隙，也铸炼了坚固的事业之基。

宽容之人，以宽广的胸怀、豁达的气度，创造出一片宽松的人际环境，别人会因此而敬重和倾慕你的人品，并使你具有很大的人格魅力，特别是在竞争激烈的今天，如果你能宽以待人，会使人人都喜欢与你交往。所以，宽以待人是为人处世的一个重要原则。

林肯总统素以对政敌宽容著称，但是却因此而引起一位议员的不满。议员说："你不应该试图和那些人交朋友，而应该消灭他们。"林肯微笑着回答："当他们变成我的朋友，难道我不正是在消灭我的敌人吗？"一语中的。多一些宽容，公开的对手或许就是我们潜在的朋友。

所以，如果你够宽容，你就要宽容别人的龃龉、排挤甚至诬陷。

因为，正是你的力量让对手恐慌。正所谓石缝里长出的草最能经受风雨。风凉话，可以给你发热的头脑"冷敷"；给你穿小鞋，或许能让你在舞台上跳出曼妙的"芭蕾舞"；给你的打击，仿佛运动员手上的杠铃，只会增加你的爆发力。睚眦必报，只能说明你无法虚怀若谷；言语刻薄是一把双刃剑，最终也割伤自己；以牙还牙，也只能说明你的"牙齿"很快要脱落了；血脉喷张，最容易引发"高血压病"。

"一只脚踩扁了紫罗兰，它却把香味留在那脚跟上，这就是宽恕。"安德鲁·马修斯在《宽容之心》中说了这样一句能够启人心智的话。

现代的戴尔·卡耐基从不主张以牙还牙。他说："要真正憎恶别人的简单方法只有一个，即发挥对方的长处。"憎恶对方，恨不得食肉寝皮敲骨吸髓，结果只能使自己焦头烂额，心力尽瘁。卡内基说的"憎恶"是另一种形式的"宽容"，憎恶别人不是咬牙切齿饕餮对手，而是吸取对方的长处化为自己强身壮体的钙质。

当然，我们虽然品性宽容，却也不是一味的造就姑息，否则就会失去我们宽厚的本意。正所谓"过宽杀人"。无度的宽容只是麻木怯懦，明哲保身，更是纵容丑恶。也就是说，无原则地宽容恶人去换取宽厚的名声，或列举琐碎小事换取精明的名声，都是有失之偏。圣人的宽容不使匪人有所依靠，也不使小人无所容身。对恶人无原则的宽容无异于助纣为虐，对善良人的残忍，"惟仁者能好人，能恶人"（《论语》）。朱熹也讲，"血气之怒不可有，义理之怒不可无"。我们在懂得宽以待人的同时也应懂得嫉恶如仇，捍卫正义。只有做到当宽则宽、当严则严，抑恶扬善，才是真正的宽以待人。

行动方略

与朋友交往，宽容是鲍叔牙多分给管仲的黄金。他不计较管仲的自私，也能理解管仲的贪生怕死，还向齐桓公推荐管仲做自己的上司。

与众人交往，宽容就是上文所言的光武帝焚烧投敌信札。

所以，如果我们宽容，就应做到：对他人的要求不过分，不强求于人，能让人时且让人，能容人处且容人。"己欲立而立人，己欲达而达人"（《论语》），意思就是：自己要站得住，同时也使别人站得住，自己要事事行得通，同时也使别人事事行得通。

4. 精神调味素——幽默

做人箴言

如果你能使一个人对你产生好感，那么也就能使你周围的每个人甚至是全世界的人，都对你有好感。只要你不只是到处与人握手，而是以你的友善、机智和幽默去传播你的信息，那么时空的距离便会消失。

——凯瑟琳

生活难免会平凡，会枯燥无味，但如果我们学会了幽默，人生便是另外一种心境了。

幽默是一种特性，是一种引发喜悦、以愉快方式娱人的特性；幽默是一种才华，是一种力量，是人类面对困难创造出来的文明；幽默感是一种能力，一种勇敢并表达幽默的能力。幽默还是一种知识、一种诱惑、一种人格魅力，是我们必须具备的素质。

有幽默感的人能够自我解嘲，对自己充满信心、乐观豁达。它可以使年轻人变得机智，使老年人变得年轻。

巴尔扎克一生写了无数作品，却常常手头拮据，穷困潦倒。

一天夜里，他正在睡觉，有个小偷爬进他的房间，在他的书桌里摸

钱。巴尔扎克被惊醒了，但他并没有大喊大叫，而是悄悄地爬起来，点亮了灯，平静地微笑着说："亲爱的，别翻了。我在大白天都不能在书桌里找到钱，现在天黑了，你就更不可能找到了。"

人生在世，不如意的事情十有八九。巴尔扎克最为可贵之处就在于，他对不如意的事情不但能泰然处之，而且还能化烦恼为乐趣，他所获得的情趣非常可比。

同样，如果你为人幽默，那么你也就有如拥有了一瓶人际关系的润滑剂，当你处于不利或尴尬的局面时，你就可以靠它来轻松走出困境，同时还会让人觉得你好相处，有度量。

一次，代尔将军到某地视察，在对方安排的一个酒宴上，一位年轻的士兵想向他敬酒，激动之下竟然把酒洒在了坐着的将军头上，满座大惊失色。谁知将军却并没有大发雷霆，而是站起来，拍拍年轻士兵的肩头说："小伙子，你不会是想用这种方法来治疗我的秃顶吧。"一时间，大家哄堂大笑，紧张的气氛立即得到了缓解，将军也借此展现了他平易近人的一面。

所以，一个极具幽默感的人，可以使人欢笑，使人快乐。因为做愉快的事、说愉快的话，就会把欢乐散布到四周。

由此看来，在我们每天的日常生活中添加一点幽默，将使我们活得更有滋味，生活也会因此而变得更加精彩。而如果我们具有难能可贵的幽默感，也会更受欢迎。

也许你会觉得幽默是一种能力、意志和兴趣相结合的综合体现，令你无法模仿、无从学起。其实不然，我们每个人都可以让自己变得幽默，它并非只是天才、高智商、喜剧演员的专利品。只要你常看一些笑话故事、歇后语，学习让嘴角向上翘，换个新鲜高度欣赏事物，必可找回幽默和学会幽默。

幽默虽好，但不能乱用，它的运用也是需要一些技巧的：

1. 不要随意幽默。幽默并不是随时随地都可以运用的，应在某些特定的场合和条件下发挥。例如：在一个正式的会议上，当别人发言时，你突然冒出一两句逗人的话，也许大家都被你的幽默逗笑了，但发言的那个人肯定认为你不尊重他，对他的发言不感兴趣。

2. 幽默要高雅才好。生活中，有不少人在开玩笑时往往把握不住分寸，结果弄得大家不欢而散，影响了彼此的感情。

3. 不幽默时无需硬要幽默。如果当时的条件并不具备，你却要尽力表现出幽默，其结果必定是勉为其难，到底该不该笑一笑？这会令彼此陷入更尴尬的境地。

总之，幽默是一种优美的、健康的品质，恰到好处的幽默更是智慧的体现，当你掌握了幽默这门社会交往的艺术时，你会发现与人沟通不再是一件困难的事情。

5. "腾出一只手"效应

> **做人箴言**
>
> 一个人能从别人的观点来看事情，能了解别人的心理活动，永远也不必为自己的前途担心。
>
> ——［美国］欧文梅

有个人被带去参观天堂和地狱，以便比较之后，能聪明地选择他的归宿。他先去看了魔鬼掌管的地狱。第一眼看上去令人十分吃惊，因为所有的人都坐在餐桌旁，桌上摆满了各种佳肴。当他仔细看那些人时，却发现没有一张笑脸，也没有伴随盛宴的音乐或狂欢的迹象。坐在桌旁的人看起来沉闷、无精打采，而且瘦得皮包骨。他发现每个人的左臂都捆着一把叉，右臂捆着一把刀，刀和叉都有四尺长的把手，使它不能用来吃东西。所以即使每一样食物都在他们手边，结果还是吃不到口中，一直在挨饿。

他又去了天堂，景象完全一样——同样的食物、刀、叉和那些四尺长的把手。不同的是，天堂的人都在唱歌、欢笑。参观者困惑了，他怀疑为什么情况相同，结果却如此的不同。最后，他终于找到了答案。在地狱里的每一个人都试图喂自己，可是一刀一叉，以及四尺长的把手根

本不可能吃到东西。而在天堂里的每一个人却都在喂对面的人，而且也被对面的人所喂。因为互相帮助，结果也使自己获益。

这个故事道理很简单。如果我们帮助他人获得了他们需要的，我们也会因此而得到想要的。帮助的人越多，所得到的也就越多。

"腾出一只手"给卑微者——赞扬他们；"腾出一只手"给狂妄者——规劝他们；"腾出一只手"给绝望者——点拨鼓励他们……"我曾'腾出一只手'给别人。"你能面无愧色地说出这句话吗？

"腾出一只手"给别人肯定会牺牲自己的利益，但你对别人的帮助会使你自己的人格更加高尚。另外，"腾出一只手"给别人，在于过程，而不在于结果。

世界著名的潜能大师安东尼.罗宾曾有过这样一段不平凡的经历——

多年前一个感恩节的早上，有一家人极不愿醒来，因为他们不知道如何以感恩的心度过这一天，他们穷得不要说是圣诞节的"大餐"，就是能有点简单的食物吃就不错了。所谓贫贱夫妻百事哀，无可避免的，没多久这对夫妇就争吵起来。看着父母越来越烈的火气和咆哮，他们的孩子只觉得自己是那么的无奈和无助。

然而命运就在此刻改观了。沉重的敲门声在耳边响起，男孩前去开门，一个高大男人赫然出现在眼前。他穿着一身皱巴巴的衣服，满脸的笑容，手里提着一个大篮子，里头满是各种所能想到的应节东西：一只火鸡、塞在里面的配料、厚饼、甜薯及各式罐头等，全是感恩节大餐所不可少的。

这家人一时都愣住了，不知道是怎么一回事。门口的那人随之开口道："这份东西是一位知道你们有需要的人要我送来的，他希望你们知道还是有人在关怀和爱你们的。"起初，他们极力推辞，可是那人却这么说："得了，我也只不过是个跑腿的。"带着微笑，他把篮子搁在小男

孩的臂弯里转身离去，身后飘来了这句话："感恩节快乐!"

就是那一刻，小男孩的命运从此就不同了。虽然只是那么小小的一个关怀，却让他知道人生始终存在着希望，随时有人——即使是个陌生人——在关怀着他们。在他内心深处，油然生起一股感恩之情，他发誓日后也要以同样的方式去帮助其他有需要的人。

到了18岁，他终于有能力来兑现当年的许诺。虽然收入还很微薄，但他在感恩节时买了不少食物，不是为了自己过节，而是送给两户极为需要的家庭。他穿着一条老旧的牛仔裤和一件T恤，假装送货员，开着自己那辆破车亲自送去。当他到达第一户破落的住所时，前来开门的是位拉丁妇女，带着提防的眼神望着他。她有六个孩子，数天前丈夫抛下他们不辞而别，目前正临断炊之苦。

年轻人开口说："我是来送货的，女士。"随之便转身，从车里拿出装满了食物的袋子及盒子，里面有一只火鸡、配料、厚饼、甜薯及各式的罐头。那个女人呆立在原地，不知该说什么，而孩子们却发出了高兴的欢呼声。

忽然这位年轻妈妈抓起年轻人的手臂，没命地亲吻，同时操着生硬的英语激动地喊着："你一定是上帝派来的! 你一定是上帝派来的!"

年轻人有些腼腆地说："噢，不，我只是个送货的，是一位朋友要我送来这些东西的。"随后，他交给这位妇女一张字条，上面写着：

我是你们的一位朋友，愿你们一家都能过个快乐的感恩节，也希望你们知道有人在默默地爱着你们。今后你们若是有能力，就请同样把这样的礼物转送给其他有需要的人。

年轻人把一袋袋的食物不停地搬进屋子，使得兴奋、快乐和温馨之情达到最高点。当他离去时那种人与人之间的亲密感和相助之情，让他热泪盈眶。回首那张张笑脸，他对自己有能力帮助他们，油然而生一股感恩之心。

之后，安东尼·罗宾通过不懈的努力成为美国最成功的心理励志专家，全球顶尖的潜能成功学权威。他先后帮助过世界各地许多团体和数百万人走上成功之路。美国陆军、运通公司、IBM、ATT以及美国职业球队都受过他的恩泽，甚至美国总统、世界级企业总裁也请教过他。当然，他在使别人获得成功的同时也使自己获得了成功。

由此可见，帮助别人，不仅可以获得别人的尊重，更能使自己从中感受到快乐。

事实上，我们每个人都能够以自己的一部分力量帮助别人。不管我们做什么工作，我们都可以在心中培养一种炽烈的愿望去帮助他们。一次微笑、一句亲切的话，或是发自内心的温暖的感激、喝彩、鼓励、信任和称赞，就可以让人感受到快乐。

当我们把自己的东西与别人分享时，我们留下的东西就会扩大和增加。因此，我们要与别人分享好的和值得向往的东西。帮助的人越多，得到的也就越多，甚至是重获生命——

有一天，一个叫辛格的人和同伴穿越喜马拉雅山脉的某个山口。他们看到一个躺在雪地上的人。辛格想停下来帮助那个人，但他的同伴说："如果我们带上他这个累赘，我们就会送掉自己的命。"然而辛格不忍心丢下那个人，让他冻死在冰天雪地里。当他的同伴跟他告别后，辛格把那个人抱起来，放在自己背上，使尽全身的力气背着那个人往前走。渐渐地，辛格的体温使这个冻僵的身躯暖和起来，那个人活过来了。过了不久，两个人并肩前进。当他们赶上那个同伴时，却发现他死了——是被冻死的。

卡耐基认为，多为别人着想，不仅能使你不再为自己忧虑，也能帮助你结交很多的朋友，并得到很多的快乐。

某杂志社曾向一些人做调查："你最欣赏的品质是什么？"大部分人的回答是："助人为乐。"而当调查人员问道："当别人遇到困难的时候，你会怎么办？"大部分人的选择是："悄悄走开。"殊不知"人"字是由一撇一捺巧妙地构架起来的，具有高度的稳定感和平衡感。这不正启迪我们要在互相帮助和互相支撑中走完我们的人生旅途？人是一种具有七情六欲的高等动物，在遇到困难和挫折的时候，我们需要的不仅是自我安慰，他人轻声的安抚和温热的手掌更是我们所渴求的。

行动方略

请记住"施大于受"的四大原理：

1. 储蓄。假如你不肯在你的生命中放进些什么，你就不可能从生命中取得什么。正如你没有把钱存进银行，就不可能从银行提款一样。如果想要得到爱，就必须先要付出爱。如果想要得到别人的帮助，就必须先去帮助别人。

2. 播种。种瓜得瓜，种豆得豆。播种爱心，收获美德；播种勤奋，收获成功。

3. 复印。想得到什么，必须先付出什么。先奉献后得到。

4. 回音。如果你对着别人"心灵的山谷"大声喊："我爱你！"对方的回音是："我爱你！"如果你对着别人"心灵的山谷"大声喊："我讨厌你！"对方的回音是："我讨厌你！"所以，想要别人怎样对待你，就应该怎样对待别人。

6. 心怀感恩之心

做人箴言

　　今天在乡下的瓜棚里看见几个绿色的瓜熟了，我怀着感恩之心看着这几个瓜，看呀！一切都是现成的。这世界从不隐瞒我们，它是那样的简单和纯粹！就是一个瓜，也是明明白白，感恩地来面对世界。

——林清玄（台湾作家）

我们该以什么样的态度来对待生活？全身瘫痪的英国物理学家霍金是这样回答的：

我的手指还能活动，

我的大脑还能思维；

我有终生追求的理想，

有我爱和爱我的亲人和朋友；

对了，我还有一颗感恩的心……

这一段文字，是霍金用他仅能运动的两根手指，在键盘上艰难

地叩击出来的。

与霍金相比，我们无疑是幸运的。但是，我们这些身体健康的人，又有什么权力说霍金是不幸的呢？要想洞悉霍金对待这个世界的态度，只要看看他脸上的微笑就足够了。那永远挂在他脸上的微笑，每时每刻都在诉说着生命的可贵和生活的美好。霍金创造了生命的奇迹，正是源于他时刻怀着感恩之心。这样的人，即使遇到再大的灾难也能挺过去，因为他们懂得珍惜。

然而，许多理应比霍金更怀感恩之心的人，却认为生活欺骗了自己，社会埋没了自己，他人辜负了自己。他们总是认为自己的地位还不够高，存款还不够多，成就还不够大，生活还不够美好；也从不懂得珍惜身边所拥有的，从不感谢之前经历的人和事……只是一味地从早到晚悲悲切切、凄凄惨惨，总是抱怨这里不够、那里不足，致使生活充满了不如意、不快乐和不幸福。

传说，有个寺院的住持，给寺院里立下了一个特别的规矩：每到年底，寺里的和尚都要面对住持说两个字。第一年年底，住持问新和尚心里最想说什么，新和尚说："床硬。"第二年年底，住持又问新和尚心里最想说什么，新和尚说："食劣。"第三年年底，新和尚没等住持提问，就说："告辞。"住持望着新和尚的背影自言自语地说："心中有魔，难成正果。可惜！可惜！"

住持所说的"魔"，就是新和尚心里没完没了的抱怨。新和尚只考虑自己要什么，却从来没有想过别人给过他什么。哲人说过，世界上最大的悲剧和不幸就是一个人大言不惭地说："没人给过我任何东西。"

生活是需要感悟的，如果你能以一种独特的方式来观察世界，你会发现在这个世界上，无处不存在着让人惊喜的东西。同样一种物体，从不同的视角去看形状是完全不同的。同样一种事物，从一个角度上看是灾难，换一个角度看可能就是幸福。

两个行走在沙漠中的旅人，已经行走多日。在他们口渴难忍的时候，碰见了一个骑骆驼的老人，老人给了他们每人半碗水。两个人面对同样的半碗水，一个抱怨水太少，不足以消解身体的饥渴，抱怨之下竟将那半碗水泼掉了；另一个人也知道这半碗水不能完全解除身体的饥渴，但他却拥有一种发自心底的感恩，懂得珍惜这来之不易的水，于是感激万分地喝了下去。结果，前者因为拒绝这半碗水最终死在了沙漠中，而后者却在那半碗水的支撑下终于走出了沙漠。

所以，如果我们懂得感悟生活，就会明白，生命的整体是相互依存的，每一样东西都依赖于其他的东西。也就是说，自从我们有了生命的那一刻起，我们便已经开始置身于恩惠的海洋中了。比如父母的养育、师长的教导、伴侣的关爱、朋友的友谊、自然的赐予……

记得有一首歌叫《感谢你》，其中有这样几句：感谢明月照亮了夜空，感谢朝霞捧出了黎明，感谢春光融化了冰雪，感谢大地哺育了生灵。感谢母亲赐予我生命，感谢生活赠友谊爱情，感谢苍穹藏理想幻梦，感谢时光长留永恒公正……感谢收获，感谢和平，感谢这一切一切这所有，感谢这美好的所有。

如果我们都有一颗感恩的心，不论遇到何种挫折或坎坷，都始终怀着一份愉悦的心情和一颗平静的心去面对，那一定是世界上最快乐的人。如果我们怀有一颗感恩的心，做任何事情，碰到任何不开心的事，都能始终友好而善意地对待身边的朋友、长者、陌生人，甚至是那些看起来卑微的人，或是你不感兴趣的人，那一定是世界上最幸福的人。

行动方略

　　当然，"感恩"并不是让你毫无主见，盲目地去迎合别人。人不是十全十美的，总会有脾气暴躁、自私、懒惰等一些令人不快的品质，遇到挫折也会沮丧。这时只要我们心存"感恩之心"，避免这些不良的品质、不好的心绪产生，使自己有个良好的心理状态，能积极地去面对，积极地去工作、学习和生活，我们的每一天都会阳光灿烂。

7. 孝如乌鸦

做人箴言

世界首富比尔·盖茨在飞机上接受意大利《机会》杂志社记者采访。记者问："最不能等待的事情是什么?"比尔·盖茨没有回答记者希望听到的"商机"二字。他说："天下最不能等待的事情莫过于孝敬父母!"

也许"乌鸦"的故事你我都不陌生：乌鸦妈妈有两个乌鸦宝宝，宝宝一生出来还不会飞，乌鸦妈妈就找食物喂给它们吃。宝宝长大了，会飞了，可是乌鸦妈妈已经老了，飞不动了，小乌鸦为了孝顺母亲，出外找食物回来给母亲吃。鸟犹如此，何况是人。

做人要尽孝道，这是中华民族的传统美德。尽管改革开放以来受外来文化多方面的冲击，国人的一些传统观念在不断地改变，有的已经发生了质的变化，但孝顺老人的根本内涵在国人的心中仍然根深蒂固。许多人会在公开场合承认自己有这样那样的缺点错误，却鲜有人公开承认自己对父母长辈不孝顺。为何？一旦承认了无异于自己当众扇自己的耳光，自己在众人的心目中的形象也就可想而知了。可见，"不孝顺"在人们心中的震慑作用。

以事实而言，人到老年后，他的社会性或者说他们与社会连接的纽带，很大一部分就只能依赖于子女了。而子女们呢，又常常因为工作而有心无力，有时甚至不能理解老人们对"说话"的渴望，如同忙碌的人理解不了孤独的含义一样，他们理解不了一个人的社会性对于人的内心来说，是多么迫切的需求。于是老人们常常发出"日子越过越好，心情却越来越糟"的感叹。由此可见，孝顺并非只是一种沽名钓誉的表面行为，它实在是与老人晚年的幸福息息相关。

现实中，我们常常看到或听说一些不肖子孙，视父母老人为累赘，兄弟姊妹几个将老人推来推去，有人甚至将此行为当做一种博取名誉的"作秀"表演，外人来了对双亲毕恭毕敬虔诚备至，外人走后原形毕露不孝如初。也有的丈夫只附和妻子的意愿对岳父岳母所谓尽孝，而对于自己的父母则不管不问；也有的儿媳妇对待公婆就像是母夜叉对婴儿一般！使做儿子的左右为难。

我们每个人从生下来至今，父母为了抚养教育我们直至参加工作，不知为我们操费了多少辛苦。因此，子女孝顺父母是绝对而无条件可言的。但是这个浅显的道理却并非是每个人都能真正体会到的。

在一个冬日里曾发生过这样一个故事。一名大学毕业生应聘于一家公司，公司老总对他的专业能力置之不理，却出乎意料地问他："你替父母洗过澡擦过身吗？""从来没有过。"青年很诚实地回答。"那么，你替父母捶过背吗？"青年想了想说："有过，那是我在读小学的时候。"之后，老总顿了顿对他说："明天这个时候，请你再来一次。不过来之前，希望你一定要为长辈做做生活护理。"青年一口应承。

该青年家境贫寒，出生不久父亲便去世了，母亲靠打工挣钱养家。他渐渐长大，读书成绩优异，考进一所名牌大学，母亲拼命挣钱供他上学。

青年想，母亲出门在外，脚一定很累，决心替母亲洗洗脚。听儿子说要替自己洗脚，母亲感到诧异，但还是把脚伸进了温水盆里。青年握着母亲的双脚，发现母亲长满老茧的双脚已变得有些僵硬，他不由得搂着母亲潸然泪下。读书时，他心安理得地花着母亲送上的钱，现在他才深知，那些钱是母亲的血汗钱。

第二天，青年如约去那家公司，对老总说："现在我才真切地知道母亲为我受了多大的苦，我以后要照顾好母亲，再不让她受苦了。"老总欣慰地点了点头，说："你来上班吧。"

青年从实际行动中深深地体会到了母亲艰辛劳作和养育自己的不易。而那位老总却也让人敬佩，因为他招收员工眼光独到，更为看重的是一个人的品质。而孝顺老人与否则是一个重要的标志。试想，一个对自己的父母都不能真诚相待的人，能真诚地对待社会、对待事业、对待朋友吗？

开国元勋陈毅元帅在 20 世纪 50 年代初回四川老家省亲，时值老母有病，卧床不起。元帅进得家门正逢老母换尿布，元帅立刻亲自给老人洗涮尿布。随从人员及家人深为感动。而元帅却只说了一句："母亲为我洗涮屎巾尿布七八年，我做这点算啥子？！"

可见，一个人成年后，不管你权势多大，地位多高，是富豪还是平头百姓，也不管你是否工作平庸、家庭困难等诸多的不如意，孝顺父母是没有可选性的。一个人要理解人生，要立身处世，很重要的一点，就是要理解父母养育自己的似海恩情。

周朝有个叫老莱子的人，因他年高还常做儿戏娱亲取乐，人都称他为老莱子。他虽家徒四壁、一生穷困，但他一生极其孝顺父母，他 70 余岁，父母依然健在。他从不说自己老，因为若是自己说

老，岂不显得父母更老了。他年纪虽大，却像小时候一样讨父母欢喜，他时常穿着一件五彩斑斓的衣服，在父母面前戏耍，有时候手执拨浪小鼓假意跌倒在地下，装作小孩子啼哭的声音引诱父母嬉笑。这老莱子虽然不能买山珍海味孝敬父母，但他知道，"笑一笑、少一少，恼一恼、老一老"的道理。父母年纪老了，怎当得忧愁、烦恼。人要时常高兴、快乐，自然健康、长寿，所以老莱子虽然自己也已经是个老人，但他为了取悦父母而甘愿被人称为"老顽童"。

所以，孝顺父母不一定要有钱给父母才是孝心，最重要的是做子女的要有孝道，要真心爱父母，让他们欢悦、心喜、享受天伦之乐，哪怕你没钱没物，也应给父母一些精神上的安慰。

如果你身在远方，你可以经常打电话给父母，和他们聊聊你的学习工作情况（因为他们无时不在记挂着你），说说你所在城市的趣闻，问问他们家里诸事，虽然只是闲聊，但是父母会觉得开心无比，因为那表示你也在时时惦记着他们。

古诗云："慈母手中线，游子身上衣。临行密密缝，意恐迟迟归。谁言寸草心，报得三春晖。"唐代诗人孟郊的这首《游子吟》不仅道出了天下儿女尤其是游子的心声，更说尽了一个母亲对孩子的牵挂。

常言道"儿行千里母担忧"，当孩子远在他乡时，做父母的都会惦记着自己的孩子会不会冷着热着，吃什么喝什么？同样，作为孩子的我们也应该将父母的健康时时放在心上，时常留意一下家乡的天气预报。天气凉了，打电话问候时，要让父母多加衣服；天热了，提醒他们注意消暑。父母生日时，为他们点支歌，送张卡；把你所在城市的风味小吃、特产，时时寄些回家等等，这些虽然花不上多少钱，东西也不名贵，但是，当你邮寄回家时，父母感到的是温暖，是甜蜜。

另外，做父母的总是对自己的孩子抱以无限的期望，而你生活成功就是他们一生最大的欣慰。

一般来说，父母对孩子的期望总离不开以下三点，也是人生中最重要的三个阶段：

（1）学业有成

中国所有的父母都有着一个共同的梦想，那就是希望自己的孩子能上大学，因为这是学习知识、掌握生存本领的捷径，他们当然希望你能有一个美好的未来。

（2）事业稳定

父母并不是希望你能飞黄腾达，他们只希望你能有一份好工作，可以让自己过得舒适就好。

（3）婚姻美满

也许你对婚姻有着自己的想法和打算，但是，父母多数都会认为一个人一生能有个稳定而美满的家庭，是人生的大幸。故此，他们希望你的人生旅途中能有个人替他们疼你，爱你。

这三点可以说是所有父母的共同期望，如果你能将它一一实现，无疑，你会使你的父母快乐一生。

天下第一快乐事，首数父母健在。要知道父母恩深终有别，父母之年，日日减少、年年不多、渐至衰老，近在眼前。如若父母百年之后，想尽孝道都来不及，后悔就太迟了。所以，做儿女的应该在父母有生之年尽自己最大的能力去孝顺父母，从物质上、精神上、生活上、心灵深处去关爱自己的父母。

"常回家看看，回家看看。哪怕帮妈妈刷刷筷子、洗洗碗……哪怕给爸爸捶捶后背揉揉肩，老人不图儿女为家作多大贡献，一辈子总操心就图个平平安安！"这首歌应是天下父母的真情写照。

　　孝敬父母，不仅要很好地承担对父母应尽的赡养义务，而且要尽心尽力满足父母在精神生活、情感方面的需求。对年迈的父母，更要精心照顾，耐心安慰。

8. 以善为本

做人箴言

　　"与人为善"出自《孟子·公孙丑上》的故事，其本意是汲取别人的优点，与他人同做善事。后来它的寓意有了引申和发展，指以善意的态度对待和帮助他人。

生活对 50 岁的黛比来说似乎显得有些残酷，丈夫去世不久，儿子又坠机身亡，她被悲伤和自怜的感情所包围，久而久之得了忧郁症，甚至产生了自杀的念头。一位智者劝她去做些能使别人快乐的事情。

　　可是，一个 50 岁的女人能做些什么呢？黛比想了一整夜，终于想到一个主意。她过去喜欢养花，自从丈夫和儿子去世后，花园都荒废了。她听了智者的劝告，开始修整花园，撒下种子施肥灌水。在她的精心照料下，花园里很快就开出了鲜艳的花朵。从此，她每隔几天便将亲手栽种的鲜花送给附近医院里的病人。她给医院里的病人送去了爱心和温馨，换来了一声声的感谢。这些美好的感谢轻柔地流入她的心田，治愈了她的忧郁症。她还经常收到病愈者寄来的卡片和感谢信。这些卡片和感谢信帮助她消除了孤独感，使她重新获得了人生的喜悦。有心理学

家认为，三分之一的忧郁症患者，只要愿意帮助别人，就能够自己治愈自己。

斯宾塞说："善是灵魂上的健康。"从这个故事中，我们发现"与人为善"对身体的健康也同样有益。所以，我们在与人为善的同时，自己也会得到善报。

一位盲人在夜晚走路时，手里总提着一个明亮的灯笼，别人看了很好奇，问他："你自己看不见，为什么要提着灯笼走路？"

盲人微笑着说："我提着灯笼并不是给自己照路，而是为别人提供光明，帮助别人。同时，手提着灯笼，别人也容易看到我，不会撞到我身上，这样也保护了我自己。"

犹太经典《塔木德》中说，世界是建立在三大支柱之上的：学习、祈祷和慈善，其中慈善最重要。任何人都有慈善的义务，即使那些接受慈善的人也不例外。

所以，奉行慈善应该是一个人的基本信条。

《国语·周语下》中道："从善如登，从恶如崩。"为善如登山，一步一步地向上走便觉心旷神怡、天清气爽；为恶如掘井，一铲一铲挖去，便觉眼昏神迷、如入深渊。登山者贵在坚持，只要不断努力就能够达到胜利的顶峰；掘井者应悬崖勒马，越晚停止则陷得越深。

"如果你握紧一双拳头来见我，"威尔逊总统说，"我想，我可以保证，我的拳头会握得比你的更紧。但是如果你来找我说：'我们坐下，好好商量，看看彼此意见相异的原因是什么。'我们就会发现，彼此的距离并不是那么大，相异的观点并不多，而且看法一致的观点反而居多。你也会发觉，只要我们有彼此沟通的耐心、诚意和愿望，我们就能沟通。"

善恶是一字之差、一念之差，然而所产生的后果却截然不同。人与人是密切联系着的，人群是一个整体。你伤害了别人，你心中的善便被

恶所压倒，你自己也被愧疚、后悔、惊恐所折磨。因此，与人相处，一定要记住这一点，不管是对你的领导、同事、下属或顾客、朋友及家人，要做到让他们知道你在关心他们的一切愿望。要实现这一目的的办法是用善意的、亲切的、温和的态度与人交往。那么，对方也会以此相报，这岂不是达到了和谐相处吗？如同孟子所讲的"勿以善小而不为，勿以恶小而为之"。这善的要义便是以诚待人，富有同情心，将心比心。

其实，善恶之辨最能体现一个人的人格魅力。如果一个人仅凭自己的好恶而活着，那么他的自我感受也好，利害得失也好，都很难持久。一个人只有具有善的力量，才能吸引别人。在众多巨商的成功历程中，也许大家都会注意到，他们有一个共同的举措，即在发财致富中，注重解囊做各种善事和公益事业。

哈同是位犹太人，1873 年来到我国上海谋生，先在老沙逊洋行看门，以后逐步奋斗成为高级职员，后来自己开设哈同洋行。他在上海六十年的经营活动期间，从事过鸦片贩卖、放高利贷、买卖土地及房产等，成为大富豪。发财致富后的哈同，曾不惜捐出巨资创办上海的仓圣明智大学暨附属中学、小学和女校，成立广仓学校，刊印《学术丛书》。他还出资 60 万两银子修建上海南京路等，为上海的文化教育及市政建设做过慈善活动。

汉王符在《潜夫论·慎微》中说："积善多者，虽有一恶，是为过失，未足以亡；积恶多者，虽有一善，是为误中，未足以存。"人这一辈子，做一件好事容易，难的是做一辈子好事。与人为善，更应当从小事做起、从身边做起，广结善缘。

当然，在与人为善的同时，我们更要善待我们自己。

从健康角度来讲，被称为健康的传教士的洪昭光医生说："要关爱生命、关爱健康。因为，成绩是领导的、财产是子孙的……只有身体是自己的。"只有身体好了，你才能为善、行善、积善。

在漫漫的人生路上，你如果觉得孤寂，或者觉得道路艰险，那你不如每天都想办法能使别人快乐，这样快乐就回飞到你的身边，使你远离精神科医生。《圣经》里有句话，叫"施，比受更幸福"。其意思是：我们从别人那里得到时，会觉得快乐；但当我们在给予别人时，会感到更大的快乐。因为爱的表现是无保留地奉献，而其结果却是无偿地索取。你在送别人一束美丽的玫瑰时，自己的手中也留下了最持久、最浓郁的芳馥。

行动方略

与人为善，并非只有大富翁才能做到，我们每一个人都可以做到。

1. 上车遇到老弱病残、孕妇的时候起来给他（她）让个座。

2. 遇到迷路的小孩和老人，尽量帮助，或送回家，或送到派出所，总之不要置之不理。

3. 捡到失物，尽量寻找失主，实在找不到，也不要据为己有，那样你会身心难安，可以送到派出所或媒体单位。

4. 遇到学生出来打工的、勤工俭学的，特别是中学生、小姑娘，尽力资助或多鼓励鼓励他们吧。

身边的"小"事还有很多很多，如果你有一颗善良的心，你会给别人带来欢乐，同时自己也感到愉悦。

第四章 谨慎做事，率真做人

1. 不勉强自己——不愿意，就说"不"

　　生活中有许许多多的"圈圈"，明明是对你有利，你断然否决；明明这人不适合于你，你又碍于情面，难以拒绝；明明是你不愿做的事情，在别人的盛邀下，只好勉强而为之……

是与不是两个最简单、最熟悉的字，却最需要慎重考虑。大多数人小时候都有这样的经验：不论什么场合，不论什么情况，只要敢对父母说一个"不"字，就会挨骂。父母总是很难给我们机会来解释我们为什么要说"不"。长此以往，当我们长大后，在与别人沟通时，就很难以"不"字来回应对方了。要知道，生活中拒绝一个人是需要勇气的，因为拒绝会使对方难为情，没有面子，尤其是不高兴的"不"，即使是自己再不情愿，也要语气委婉，直来直去的"不"不要轻易说出口。因为，在我们的意识中，说"不"就等于完全与人决裂。

因此，当我们想拒绝别人时，心里总在想："不，不行，不能这样做，不能答应！"等等，可是，嘴上却不好明说，只能含糊不清地说"这个……好吧……可是……"当然这种口不应心的做法，一方面是怕得罪人，另一方面，过于直率地拒绝也不利于待人接物。但是小心谨慎的结果，往往会使你遭受到很大的损失。

小军承包经营一家新技术开发公司。几年来，市场把握得好，技术开发战略决策恰当，科技人员力量雄厚，经营管理科学，使得企业产值和利税大幅度上升，经济效益极好，因而许多人都想往这个单位钻。

一天，他的一个老上司打电话，想给他推荐一个职员，问他能否接收。碍于面子，他让老上司带着求职者来面试。面试结果，发觉很不理想，进入公司吧，养了个庸才，而且会造成公司进人制度破坏，进人口子过大过松，影响公司长远发展；不接收吧，老上司以前待自己不错，碍于面子，不好拒绝。但是，思前想后，小军还是为了公司利益拒绝了老上司的请求。自此以后，他发现在与一些部门的合作中总是磕磕碰碰，对方能办的事尽量给他拖着不办，这让小军百思不得其解。后来，一个朋友告诉他，因为他上次驳了老上司的面子，以致对方耿耿于怀，之后，便开始利用他的一切关系，给小军设置人为障碍，阻挠他的工作。

小军的挫折并不在于他说了"不"，还因为他的"不"说得不够技巧。所以，不能片面地认为"不"在生活与工作中永远不能被用到。事实上，有的时候，你的成功就是由于你大胆地说出了这个"不"字，它不但没有落下不良的后果，反而会给你带来极大的利益。

日本的小泽征尔是世界著名的交响乐指挥家。在一次世界优秀指挥家大赛的决赛中，他按照评委会给的乐谱指挥演奏，他敏锐地发现了不和谐的声音。起初，他以为是乐队演奏出了错误，就停下来重新演奏，但还是不对。他觉得是乐谱有问题。这时，在场的作曲家和评委会的权威人士坚持说乐谱绝对没有问题，是他错了。面对一大批音乐大师和权威人士，他思考再三，最后斩钉截铁地大声说："不！一定是乐谱错了！"话音刚落，评委席上的评委们立即站起来，报以热烈的掌声，祝贺他大赛夺魁。

原来，这是评委们精心设计的"圈套"，以此来检验指挥家在发现乐谱错误并遭到权威人士"否定"的情况下，能否坚持自己的正确主张。前两位参加决赛的指挥家虽然也发现了错误，但终因随声附和权威们的意见而被淘汰。小泽征尔却因勇敢地说出"不"，而终于摘取了世界指挥家大赛的桂冠。

可见，说"不"并非是人际关系中的毒药，如果运用得当，一样可以从中获得自己的权益。犹太人就是如此，在他们眼里，说"不"是自己应有的权力，放弃说"不"等于放弃应有的权利。尤其是在商业竞争中，说"不"是一件无坚不摧的利器，因为在谈生意中有勇气说"不"其实是一招以退为进的妙招。使用它的关键就在于你的技巧运用的是否得当。

行动方略

巧妙地说"不"，委婉地拒绝，会给你带来意想不到的效果。

用沉默、拖延、推托、回避、反诘、客气地表示"不"，运用韵味十足的"无可奉告"、"天知道，我不知道"、"事实会告诉你的"等等，都可以表示自己的拒绝之意。总之，说"不"并不等于简单地说"不"了事，要善于说"不"，才能更有效地达到目的。

巧妙的拒绝，是伴随你成功的一把小钥匙，不妨经常磨磨它，免得它生锈。

2. 喝杯"谅解水"

当一只脚踏在紫罗兰的花瓣上时，它却将芳香留在那只脚上。这就是宽恕。

宽恕别人对我们来说并不困难，却也不容易。关键的是，心灵如何选择。当一个人选择了仇恨，那么他将在黑暗中度过余生；而一个人如果选择了宽恕，那么他能将阳光洒向大地。古语常说："知错能改，善莫大焉。"既然如此，面对一个人在无意中犯下的错误，我们为何不能宽恕呢？

当我们的心灵为自己选择了宽恕的同时，我们也为自己选择了自由——心灵的自由。因为我们已经放下了仇恨的包袱，无论是面对朋友还是仇人，我们都能够赠以甜美的微笑。佛道中常讲究缘分，芸芸众生，两个人能够相遇、相识，那便是缘分。当你们因为仇恨而相识，不可否认的是，在你们的心里已经牢记了对方的名字，如果你因为整天想着如何去报复对方而心事重重，内心极端压抑，那么不如放下仇恨，宽恕对方。或许，因此你可以多一个可以谈心的好朋友。每一个人都需要朋友，多一份原谅，便能令我们多一个朋友。

乔治·罗拉在维也纳当了两年律师，但在第二次世界大战期间，他逃到瑞典，一无所有，急需一份工作谋生。因为他能说并能写好几国语言，所以他希望能够在一家进出口公司里谋一份秘书工作。绝大多数公司都回信告诉他，因为正在打仗，不需要这一类人才，不过他们会把他的名字存在档案里。惟有一家公司在回信里写道："你对我生意的了解完全错误，你既蠢又笨，我根本不需要任何替我写信的秘书。即使我需要，也不会请你，因为你甚至连瑞典文也写不好，信里全是错误。"

当乔治·罗拉看到这封信时，简直是恼火透顶，因为之前从未有人如此批评过他的语言问题。于是他也写了一封信，目的是想使那个人大发脾气，但接下来他对自己说："我怎么知道这个人说得不对呢？我虽然修习过瑞典文，但并不精通，也许我确实犯了很多我不知道的错误，如果是这样的话，那么我想得到一份工作，必须再努力学习，这个人可能帮了我大忙。虽然他本意并非如此，他用这种难听的话来表达他的意见，但并不表示他就亏欠我，所以我应该写封信给他，在信里对他表示感谢。"他撕掉了那封写好的骂人的信，另外写了一封："首先感谢你这样不嫌麻烦写信给我，尤其是你并不需要一个替你写信的秘书。对于我把贵公司的业务弄错的事我觉得非常抱歉。我之所以写信给你，是因为我向别人打听，而别人把你介绍给我，说你是这一行的领导人物。我并不知道我的信上有许多文法的错误，我觉得很惭愧，也很难过。我现在打算更努力地去学瑞典文，以改正我的错误，谢谢你帮我走上改进之路。"

几天后，他收到了那个人的回信，他邀请罗拉去看他。罗拉去了，而且得到了一份工作。罗拉由此发现，"宽恕伤害自己的人也是避免自己受更深的伤害，或许还能得到别人的帮助，助你走上成

第四章　谨慎做事，率真做人

功。

能够宽恕别人，其实就是懂得善待自己。仇恨只能永远让我们的心灵生活在黑暗之中；而谅解，却能让我们的心灵获得解放。谅解别人，可以让生活更轻松愉快；谅解别人，可以让我们有更多的朋友。

在一次激烈的遭遇战中，有两名年轻的士兵和部队失去了联系。他们互相鼓励，相依为命。一天，他们打死一只小鹿，靠鹿肉艰难地度过了几天。鹿肉所剩无几，背在一个士兵的身上，除此之外，他们再也没法找到可以充饥的东西。他们巧妙地避开敌人，来到一片茫茫无边的森林里。

背着那点鹿肉的年轻士兵疲惫地走在前面，突然，"砰"的一声枪响，他中了一枪，幸亏是伤在肩膀上。后面的士兵惶恐地跑过来，语无伦次地抱着同伴的身体泪流不止。并将自己的衬衣撕下来包扎同伴的伤口。

晚上，未受伤的士兵一直叨念着自己的母亲，两眼发直。他们都以为自己熬不过这一关。尽管此时饥饿难忍，可谁也不去动身边的那点鹿肉，天知道他们是怎样度过的那一夜。第二天，他们幸运地被部队救走了。

未受伤的士兵为同伴包扎时，他发热的枪管碰到同伴的手，同伴知道了是谁开的枪，当时同伴怎么也不明白这到底是为什么？但当晚同伴原谅了他，为了 80 岁高龄的母亲，他想独吞那点鹿肉而活下去。受伤的士兵装着什么都不知道，仍然和他又做了几十年的朋友，直到生命结束。

故事留给我们的道理非常明白：我们也许不能像圣人般爱我们的仇人，可是为了我们自己的健康和快乐，我们至少要宽恕他们，忘记他们，这样做是一种智慧。

宽恕也是一种能力，一种停止让伤害继续扩大的能力。没有这种能力的人往往需要承担因为报复所带来的风险，而这风险往往难以预料。不快的记忆使我们不能从被伤害的阴霾中平安归来，痛苦总是如影随形，我们也就不能放松和平静了。

宽恕不只是慈悲，也是修养。路易斯·密得说："也许在很久以前，有人伤害了你，而你却忘不了那件不愉快的往事，到现在还痛苦不堪，那就表示你现在还在继续接受那个伤害。其实，你是很无辜的，你要了解，你是世界上惟一有这种经验的人。赶快忘掉这不愉快的记忆吧，只有宽恕，才能释放你自己，让你轻松。"

美国纽约州前州长威廉·盖洛被一份内幕小报攻击得体无完肤，当他躺在医院里为生命挣扎时，他微笑着对所有来探望的人说："每天晚上我都原谅所有的事情和每一个人，第二天当太阳升起的时候，我照样以快乐愉悦的心态迎接新一轮太阳。不要因为你的敌人或对手而燃烧起一把怒火，它会烧伤你自己。"

事实也正是如此，当人们在受到伤害时，往往一味地让自己沉浸在憎恨的痛苦深渊里，反复抱怨对方的不是，也不断地后悔自己当初所做的种种不理智的行为。如果憎恨的情绪持续在心里发酵，可能会使生活逐渐失去秩序，而行为越来越极端，最后一发不可收拾。

《圣经》上说："怀着爱心吃蔬菜，也会比怀着怨恨吃牛肉好得多。"德国伟大的悲观论哲学家叔本华虽曾说过生命是一种毫无价值而又痛苦的冒险，但他在绝望的时候，还是说："如果可能的话，不应该对任何人抱有怨恨的心理。"

不要因为别人对你造成伤害或者别人忘恩负义而不开心。人活在这个世上，就该以平和的心态潇潇洒洒地为自己活着，永远不要试图报复我们的仇人，否则，只会更深地伤害自己。

　　宽恕不只是一种美德，也有益身心健康。一项研究发现，怒气会使体内一种导致炎症的 C 反应蛋白质含量升高，增加患心血管病的危险。所以，西方医学、心理学界流传一句名言，即"宽恕那些伤害过你的人，不是显示你的宽宏大度，而是为了你的健康，如果仇恨成了你的生活方式，那你就选择了最糟糕的生活"。

3. 追着时间跑

做人箴言

拖延是偷走光明的"贼"。

——爱德华·扬

每个人在自己的一生中，都有着种种的憧憬、理想、计划，如果你能将这一切的憧憬、理想与计划，迅速地加以执行，那么我们在事业上的成就会无限增大。然而人们往往有了好的计划后，却不迅速地执行，而是一味地拖延，以致让充满热情的事情冷淡下去，使强项逐渐消失，使计划最后破灭。

有拖延习惯的人，总是感到心情紧张，体力疲乏，这是因为他每做一件事之前，常常会有许多准备工作：闲谈、喝咖啡、削铅笔、阅读快报、处理私事、清理文具、看电视以及其他种种小事，到最后，却已然没有了时间、热情与精力去做真正需要做的事情了。

比尔·盖茨曾向他的员工谈起他之所以成功的原因之一——就是得益于他那从不拖延的习惯。

有拖延习惯的人，常常会与成功擦肩而过。因为机会稍纵即逝，如果你一味拖延，总想着明天还有时间，那么等待你的也许只有残酷的现

实了。

美国独立战争时期，敌军将领恺撒就丧命于他的拖延习惯中。当时，曲仑登的司令雷尔叫人送信向恺撒报告，华盛顿已经率领军队渡过特拉华河。但当信使把信送给恺撒时，他正在和朋友们玩牌。他随手将信放在自己的衣袋里，等牌玩完后才去阅读。读后，他才明白大事不妙，等他去召集军队的时候，时机已经太晚了。最后全军被俘，而他自己却为此丢了性命。

没有比拖延更有害，比拖延更能使人懈怠的习惯。如果我们习惯凡事拖延，那将会使我们所有的美好理想变成真正的幻想。拖延也会令我们丢失今天而永远生活在"明天"的等待中。拖延的恶性循环使我们养成懒惰的习性、犹豫矛盾的心态，成为一个永远只知抱怨叹息的落伍者、失败者、潦倒者。

成功学创始人拿破仑·希尔说："生活如同一盘棋，你的对手是时间，假如你行动前犹豫不决，或拖延行动，你将因时间过长而痛失这盘棋，你的对手是不容许你犹豫不决的！"

有人曾这样计算过，如果人的一生以 70 年来计算，那么大约有25000 多天，合 60 多万小时。这只是"账面时间"，而不是你能用的"实际时间"，可供我们实际使用的时间远没有这么多。

如果一个人 24 岁大学毕业，参加工作，60 岁退休，那么他用于工作的时间将至多不超过 36 年。虽说退休后也可以继续工作，但毕竟人的生理条件有限，此时精力已大不如前了，想要出大成果是难上加难。在 36 年中，若每天 8 小时用于睡眠，8 小时用于吃饭洗漱、游玩娱乐等不可避免的事情，那么，剩余的工作时间仅 8 小时。这么一分配，一生中工作的时间只有 12 年。除去 36 年中周末和节假日总计 5 年左右，实际工作时间不过 10 年而已，相当于 70 年寿命的 1/7。如果再除去 10 年中浪费于吹牛、窥探别人隐私等一些无聊的事件中的时间，那么所剩余的时间就更加寥寥无几了。

由此可见，成功与失败的界限往往就在于你是否做事拖延。拖延是这样的恶劣，然而却又这样普遍，原因在哪里？

成功素质不足、自信不足、心态消极、目标不明确、计划不具体、策略方法不够多、知识不足、过于追求十全十美，这些都是原因。

仔细思考一下，拖延的事情迟早要做，为什么要推后做？立即做完以后可以休息，而现在休息，也许日后要付出更大的代价。

在日常生活中，你是不是总在说："这件事，我等一会儿再做。""明天又不是世界末日，所以我明天再做它也不迟。"等等。如果有，那现在就下定决心，将这些无价值的话从大脑中彻底清除，催促自己一切要立刻行动，让自己从此成为一个疾行者。

这样，即使你处于社会最底层，只要你拥有十足的冲劲，加上凡事说干就干的好习惯，经过一番努力，你必将会赢得成功与地位。贫寒的出身、卑贱的地位并不意味着不可突破。因为做事重在实干、贵在从不空谈。

行动方略

让我们来看看比尔·盖茨如何教人克服拖延的毛病：

1. 做个主动的人，勇于实践。

2. 不要等万事俱备后才去做，永远没有绝对完美的事。

3. 创意本身不能带来成功，只有付诸实施创意才有价值。

4. 总想"明天"、"后天"、"将来"等于"永远不可能做到"，要做"我要立即行动"的那种人，要变成"我现在就去做"的那种人。

5. 主动积极，做一个改革者。自告奋勇去改善现状，向大家证明你有成功的能力与雄心。

4. 大声说出"我不懂"

朱自清在一篇文章中曾这样写道："世间有的是以不知为知的人。孔子老早就教人'知之为知之，不知为不知，是知也'。这是知识的诚实。知道自己的不知道，已经难，承认自己的不知道，更是难。一般人在知识上总爱表示自己知道，至少不愿意教人家知道自己不知道。苏格拉底也早看出这个毛病，可他总是盘问人家，直到那些人承认不知道而止。他是为真理。那些受他盘问的人，让他一层层逼下去，到了无可奈何，才只得承认自己不知道；但凡有一点儿躲闪的地步，这班人一定还要强词夺理，不肯轻易吐出'不知道'那句话。在知识上肯坦白地承认自己不知道的，是个了不得的人，即使不是圣人，也该是君子。知道自己的不知道，并且让人家知道自己的不知道，这是诚实，是勇敢。孔子说'是知也'，这个不知道其实是真知道——至少真知道自己，所谓自知之明。"

某高校有一位年近八旬的大学教授，她学识渊博，记忆过人，而且极喜旅行，可谓见多识广。然而，人们从未见到过她卖弄自己的学识或对自己不了解的事情假称通晓。遇到疑难问题时，她从不回避说"我不知道"，也不用自己的知识去搪塞，而是建议去查阅有关专著、资料，以做参考。

大多数人都有在沟通中掩饰本身弱点的习惯，其实这并不为人所喜欢。

俗话说：金无足赤，人无完人。一个事事都"知道"的人，反而会引起别人的不信任。倒不如坦率地承认自己的弱点，让别人更加全面地了解自己，这样他会觉得你更加真诚可信。

心理学家邦雅曼·埃维特曾指出，平时动不动就说"我知道"的人，一般会显得头脑迟钝，易受约束，不善同他人交往。而且往往容易与机遇失之交臂。

中文专业的桦林在进入某广告公司实习时，因为公司承诺过"只要表现不错，就可以留在公司工作"，因此他格外注意自己的表现。

刚入行的新人都会指定由老员工带，桦林的"老师"是位资深的业务经理。为了博得老师的好评，桦林在经理面前十分谨慎，凡是老师说的话，桦林都忙不迭地回答"是，我懂了"，生怕稍微迟疑就显得反应慢，给老师留下不好的印象。

一天中午，老师因为要开会，让桦林赶在下午下班前将广告初稿送到客户处。桦林立刻回答："我知道了。"

结果，因为太过紧张，桦林根本没注意到老师说的具体地址。

出门后，桦林不得不几次三番地打电话去问老师。直到最后老师开会关掉手机，桦林仍没弄明白具体走法。无奈之下，桦林只好到处打电话问同学及家人，等他赶到的时候，客户已经下班了。

桦林不知该怎么办，又不敢拿回去见老师，便拿着广告初稿回了家。第二天一到公司，老师便责问桦林。因为他的耽搁，误了整个计划的时刻表。

此后，诸如此类的问题又发生过好几次，对于这个"伤脑筋"的实习生，老师十分头疼，再也不敢放手让桦林独自完成任务。因为感觉学不到实际东西，加上几次"事件"，弄得办公室里的人都拿自己当"特殊人物"看，桦林觉得没脸留在公司，实习期还没满，就主动离开了广告公司。

桦林的失败在于他事事总想表现自己聪明，接受能力强，但却没想到聪明反被聪明误，一切皆懂的行为让他丧失了一次极好的工作机会。

真正的聪明人都明白，"没有人能知道一切事情"。他们常常说自己不知道，随后就去寻找他们所欠缺的知识。承认自己的弱点无损于他们的自尊，对他们来说，"不懂"是一种动力，促使他们去进一步了解情况，求得更多的知识。

即使是在国际学术会议的场合中，如果你注意的话，就会明白虽然屋子里坐满了国际知名的科学家，但大家使用最频繁的一句话便是"我不知道"、"我不懂"，或者是比较文绉绉的"在本项研究主题中，我们没有足够的证据可得出任何可靠的结论"。

没有人能万事皆通。所谓专家，也只是在他们自己所从事的领域里很杰出，而且他们往往会在生活的其他方面常显得幼稚些。因为他们在钻研提高自己的专长方面用时太多，以致在与工作无关的其他知识方面就不够成熟，甚至对生活中的一些简单问题，都无法解决，因为他们对此毫无所知。

做人做到位的9大绝学

ZUORENZUODAOWEI
DE9DAJUEXUE

成功者知道，要掌握所有的知识，是既不可能也没有必要的。所以，他们集中精力成为某一领域的专家。"不知道"是促使你吸取更多知识的动力。"万事通"的人是失败者，而成功者只精通一门或几门。

5. 错又如何

做人箴言

列宁曾说过：没有缺点的人是不存在的。科学家在研究、发明和创造的道路上，也会产生这样那样的错误，但是他们勇于承认错误，改正缺点。

一位电脑工程师欣喜若狂地告诉他的同事，他已经成功地发明了像人脑一样聪明的超级电脑。

他的同事狐疑地望着他，问："你是说，你发明的电脑能够像人类一样地独立思考，有感情中枢，可以谈恋爱，甚至会开车到超级市场购物？"

电脑工程师腼腆地笑了笑："也没你说的那么神奇啦。"

同事追问："那么，你的电脑能做些什么？"

工程师兴奋地道："它能够像人类一样，每次当它出错时，保证能在第一时间内，将过错推给另一台电脑。"

有了过错，立即推给别人，确实是我们常犯的毛病。这是一种怕承担责任的自然反应。

一般来说，人人都希望自己的错误不被别人知道，不被别人提起，似乎那样感觉上更好一些，更舒服一些。一旦有人指出我们的过错，轻者心怀不满、面红耳赤，重者恶语相向、拳脚相加。总而言之就是对方伤了自己的面子，要讨回公道。这是对人。而对己呢，可以说更难。人们都容易发现别人身上的毛病，却看不到自己的缺点，更何况有面子在撑腰打气，更是不愿意把自己的不足说出来并加以改正。好像不说出来就不会有人知道，也不会有人嘲笑。其实，人人都会犯错误·聪明人会及时发现、检讨自己的错误、缺点、毛病、不足，把这些错误、缺点、毛病、不足当做自己思想进步的阶梯，改正它，迈向新的高度。

生活中，有些人明明知道自己有错而不愿承认，他们认为承认自己的错误是一件很丢脸的事情，所以他们更愿意为自己找一些借口，或者干脆将责任推给别人。然而，能承认自己错误的人，却往往会得到别人的谅解，并给人以谦恭有礼、勇于负责任的良好印象。

新墨西哥州阿布库克市的布鲁士·哈威，错误地核准付给一位请病假的员工全薪。他发现错误后，告诉这位员工并解释说必须纠正这项错误，他要在下次薪水中扣除多付的薪水。这位员工说这样做会给自己带来严重的财务问题，请求分期扣回多领的薪水。但这样哈威必须先获得上级的核准。"我知道这样做，"哈威说，"一定会使老板大为不满，在我考虑如何以更好的方式来处理这种状况的时候，我意识到这一切的混乱都是我的错误，我必须在老板面前承认。"

于是，哈威找到老板，说了详情并承认了错误。老板听后大发脾气，先是指责人事部门和会计部门的疏忽，后又责怪办公室的另外两个同事，这期间，哈威反复解释说这是他的错误，不干别人的事。最后老板看着他说："好吧，这是你的错误。现在赶快把这个

问题解决吧。"错误改正过来了，没有给任何人带来麻烦。自那以后，老板更加看重哈威了。

卡耐基曾说，敢于承认错误的人是最勇敢的人。确实如此，勇于承认错误绝非可耻或软弱的行为。犯错之后逃避责任，甚至嫁祸他人，这才是卑劣的表现。

一个人有勇气承认自己的错误，也可以获得某种程度的满足感。这不只可以消除罪恶感和自我维护的气氛，而且有助于解决错误所造成的不良后果。另外，承认错误还会发现一个极为有趣的现象，就是在你认错时，别人为了减轻你的不安，反而会不自觉地为你辩护。所以，不要害怕承认错误，能主动承认，这本身就表现了你的勇气与责任感。

罗斯福还在纽约警备团第 18 中队当队长的时候，就表现出了这种高贵的品性。

曾经和他在同一个队里待过的一个中尉说："当罗斯福带队练操的时候，他常常会在中途喊一声：'停一下！'他边喊边从裤袋里拿出一本教练手册，当着全队所有人的面，翻到某一页，找出他所要找的内容，认真读一遍，然后对我们说：'刚才我做错了一点，本来应当是这样做的。'像他这样极端诚恳的人实在不多。有时候，对他的这种行为我们常常忍不住要笑出声来。"

他在当纽约市市长的时候，在一次更为严重的情形中，也显示出了这种特性。经过他提议和努力的一个议案在国会通过后，他发现自己的判断错了，能够勇敢而主动地承认自己的失误。

"我感到很惭愧，"他当着国会议员的面承认，"当我极力赞成这项议案的时候，我当初确实是有一点隐衷的，我不应当这样做。而我之所以会这样，部分原因是我的报答之心，部分是依从纽约人民的意愿。"

我们可以看出，寻找托辞为自己开脱，并不是罗斯福的习惯。相反，他能直率地承认自己的错误，并尽量去纠正它。

一个真正伟大的人，并不在于他从来不犯错，而在于犯错之后，能够快速而坚决地立即承认。

错误从某种角度而言对人是有教育意义的，人们可以从错误中学习到经验。这样，一个小小的错误就可以警告人们避免大的错误。那些不肯承认自己做过错事的人，就失掉了这种避免大失误的宝贵经验，而以后就会继续犯这错误，最终的结果是颓丧地哀叹自己的悲惨命运。

芝加哥的医学专家玛·威尔逊说："我宁愿让一个人犯错误，而不喜欢他为自己的错误找托辞来回避责任，只要他第二次不犯同样的错误。托辞是一种危险的东西，容易使人养成很坏的习惯。一个从不找托辞逃避责任的人，虽然工作不一定都做得很好，但他总会尽力地往好的方面去做。"

比尔·盖茨曾说过，找托辞来掩饰自己的错误实在是一种愚蠢的办法。

有一次，一个很傲慢的报社主笔对英国首相格莱斯顿夸夸其谈。当时，这名初出茅庐的青年，因为一个偶然的机会与格莱斯顿一起参加一个宴会。格莱斯顿客气地对这个青年说："几天前我收到过你的一封信。""是我写的吗？一定不是我，我肯定没有写过，也许是我的秘书写的吧，可以肯定那绝对不是我写的。"格莱斯顿先生虽然觉得很是不快，但仍平和地对他点了点头。宴会渐渐进入高潮，格莱斯顿先生理所当然地成为大家谈话的中心。所有的客人都想找机会接近他，听他谈话，而他对每个人都非常热心而客气——只是除了这位主笔先生。整整一个晚上这位青年都在想方设法去与格莱斯顿先生交谈，都没能如愿以偿。

即使是傻瓜也会为自己的错误辩护。能承认自己错误的人，会显得高人一筹，而且还会给人一种高贵怡然的感觉。

行动方略

认错并无法保证我们一定能取得好成绩，但检讨却可以。只是要记住，检讨自己所犯的过错，而不检讨别人的。经过检讨，将获得修正的方法与实际经验。而这些方法与经验正是通往成功终点沿路的护栏，凭着这些护栏，你就可以安全且不偏倚地到达目的地。

6. 脚步紧跟思想动

做人箴言

一张地图，不论多么详细，比例多么精确，它永远不可能带着自己的主人在地面上移动半步。一个国家的法律，不论多么公正，永远不可能劝止罪恶的发生；任何宝典，即使我手中的羊皮卷，也永远不可能创造财富。只有行动，才能使地图、法律、宝典、梦想、计划、目标具有现实意义。

——摘自《羊皮卷》

《为学》中记载了这样一个故事：

地处四川的一个偏远地区住着两个和尚，一个贫穷，一个富足。

一天，穷和尚对富和尚说："我想到南海去，您觉得怎样？"

富和尚说："你凭借什么去呢？"

穷和尚说："一个小瓶，一个饭钵就足够了。"

富和尚说："我多年来一直就想能租条船沿着长江南下，现在还没做到呢，你凭什么去?!"

第二年，穷和尚从南海归来，把去南海的事告诉了富和尚，富和尚深感惭愧。

菲驰特说："生活不是守株待兔的遐想，不是消极的自我研究，不是情绪化的虔敬神明，只有行动才能决定人生的价值。"拖延使人裹足不前，它来自恐惧。萤火虫只有在振翅的时候，才能发出光芒。

曾经有一位哲人说过：时间会飞翔，而你却是驾驶员。不过，时间并不能被每个人轻易地控制在手中。因为时间就像潜伏在我们身边的小偷，它总是在你不留意的瞬间出击，偷走你那些宝贵的时间。或许，你因为个性弱点，成了时间小偷紧盯不放的对象，它就在你犹疑、斟酌、抱怨的时候悄无声息地把时间带走了；又或许，你自以为个性圆满，不应被时间小偷侵袭，整日生活在生死时速中，却又无所作为。

虽然我们为自己制订的目标有难有易，但只要付诸行动，那么，再难的也会变得容易。反之，容易的也会变得很困难。当你面对某一问题时，往往有许多不同的选择，犹豫不决就会造成时间的浪费，甚至错失良机。

如果你是个思前想后、犹豫不决的人，那么，你必须想一想迟疑的后果，既浪费了时间，又增大了压力。你是否要求事事完美？你是否带着情绪去做一件你不愿做的事？

俗话说"一懒百病生"。人的许多恶劣品质都是由懒惰派生的。

索福克利斯的话更为精辟："天不助懒人。"只有付诸行动，才能获得成功。居里夫人夜以继日地工作学习，致力寻找新的放射性化学元素，从不因外界因素或其他原因停止行动而只作口头猜测。行动，让她发现了镭和钋，让她的事业成功，为世界作出了贡献。世界首富比尔·盖茨也是如此。14岁开始接触计算机的他，一旦有了新的想法，便立即付诸行动，在计算机前可以三天三夜不睡觉，直到解决了自己的疑难问题。正因如此，才有了今天的微软公司，才有了今天的Windows。

有人说生活如同"骑着一辆脚踏车，不是维持前进，就是翻覆在地"。所以行动第一，工作时绝对不能把"踩车"的脚松下来，停下来。

有了目标后就要马上去实施，可以在工作中训练自己养成严格的执行习惯和时间观念，防止自己的松懈。

在《世界上最伟大的推销员》一书中有这样一段话，我们或许可以将它当做我们的生活信条：

我的幻想毫无价值，我的计划渺如尘埃，我的目标不可能达到。一切的一切都毫无意义——除非我们付诸行动。

行动方略

不要把今天的事情留给明天，明天是永远不会来临的。即使行动不会带来快乐与成功，但是动而失败总比坐而待毙好。行动也许不会结出快乐的果实，但是没有行动，所有的果实都无法收获。就像一只蜗牛，纵有游泰山、观长江的宏愿，因恐惧而无付诸行动，终死在野草丛中。它没有想过，就算到不了山顶和江边，但是，一路上仍可以看到崇山峻岭、江河海湖，也不枉费一生。

第五章 自己的情绪，自己掌控

1. 不给偏激留空间

做人箴言

偏激，单从字面上就已概括了它的内涵。偏，是说人认识上的偏差，片面；激，是指情绪的高涨。从心理成分分析，偏激正是包含认识和情绪这两种因素。认识上的"偏"导致了情绪上的"激"，又影响了认识上的"偏"。这二者中，情绪是占主导地位的。

所谓个性，即个人思想、行为上的特点，其表现形式有多种，如敢于质疑、勇于突破、敢于超越等等。但有些人却曲解了个性的正确含义，往往易将偏激行事视为有个性。

一般而言，偏激之弊大致有三：

（1）认识上的片面性

偏激的人以绝对的、片面的眼光看问题。总是戴着有色眼镜，以偏概全，固执己见，钻牛角尖，对善意的规劝和平等商讨一概不听不理。

123

偏激的人怨天尤人，牢骚满腹，抱怨生不逢时，怀才不遇，对别人的成绩不屑一顾，甚至想尽千方百计诋毁贬损别人；别人不如自己，又冷嘲热讽，借压低别人来抬高自己。处处要求别人尊重自己，自己却不去尊重别人。只想到别人能给他提供什么，从不问他为别人贡献了什么。偏激的人缺少朋友，人们交朋友喜欢"同声相应，意气相投"，喜欢结交饱学而又谦和的人。总以为自己比对方高明，开口就梗着脖子和人家抬杠，明明无理也要搅三分的人，一旦受挫心理上便难以承受。

（2）情绪上的冲动性

偏激在情绪上的表现是按照个人的好恶和一时的心血来潮去论人论事，缺乏理性的态度和客观的标准，易受他人的暗示和引诱。如果对某人产生了好感，就认为他一切都好，明明是错误、缺点，也不愿意承认。

（3）行为上的莽撞性

偏激在行动上的表现是莽撞从事，不顾后果。当他们的朋友受到别人"欺侮"时，他们往往不问青红皂白，马上站出来帮朋友，把蛮干、鲁莽当成英雄行为。

三国时代的关羽就是一个具有典型偏激性格的人。虽然他曾过五关，斩六将，单刀赴会，水淹七军，那是何等英雄气概！可是他致命的弱点就是刚愎自用，固执偏激。当他受刘备重托留守荆州时，诸葛亮再三叮嘱他要"北据曹操，南和孙权"。可是，当孙权派人向关羽之女为儿子求婚时，关羽却大怒且出口伤人："我虎女岂能嫁给他犬子！"他对孙权如此蔑视，以个人好恶和偏激情绪对待关系全局的大事，不计后果，导致了吴蜀联盟的破裂。

关羽镇守荆州前后有十年余，平时在防守上并没有出现明显差错，但在樊城之役中，只因被偏激的思想所左右，不仅荆州失守，连自己也落得身首异处，还导致了结义兄弟先后丧命。假若关羽少一点偏激，不意气用事，那么，吴蜀联盟大约不会遭到破坏，荆州的归属可能也会是另外一种局面。

关羽不但看不起对手，也不把同僚放在眼里。名将马超来降，刘备封其为平西将军，远在荆州的关羽大为不满，特地给诸葛亮去信，责问说："马超能比得上谁？"老将黄忠被封为后将军，关羽又当众宣称："大丈夫终不与老兵同列！"他目空一切，气量狭小，盛气凌人，其他的人就更不在他眼里，一些受过他蔑视、侮辱的将领对他既怕又恨，以致当他陷入绝境时，众叛亲离，无人救援，促使他迅速走向败亡。

现实生活中也不乏其人。据报道，某部一位大学生排长，才华横溢，但遇事特别爱钻牛角尖，从不承认自己的过失，结果工作上连连碰壁。然而，他却认为自己怀才不遇，抱怨部队扼杀了自己的个性，竟私自离队，受到了记大过处分。因为他误将自己的偏激行为视为个性。个性是一种人格品质和魅力，而偏激不仅是一种极端化思想行为，更是一种心理疾病。它的产生源于知识上的极端贫乏，见识上的孤陋寡闻，社交上的自我封闭，思维上的主观惟心主义等等。对此，只有对症下药，丰富自己的知识，增长自己的阅历，多参加有益的社交活动，同时，还要掌握正确的思想观点和思想方法，才能有效地克服这种"一叶障目，不见泰山"的偏激心理。

行动方略

正确认识和纠正偏激性格，应做到如下几点：

1. 通过自我分析和别人启发，找出导致偏激的原因，纠正自己的任性、对人的不信任、敌对和对自己纵容。

2. 充分认识偏激对个人及社会的危害性，以达到纠正偏激性格的目的。

3. 出现了矛盾冲突要多想想自己的不足和过失，不要只盯住别人的过错；遇事要多考虑自己的事业、家庭及后果。及时终止辩论，易时再论，使激烈的情绪得到缓解。

4. 无理莫强夺，有理让三分。

5. 遇到困难和挫折，一定要找信任的人倾诉，得到帮助，切忌独自行事。

2. "忍"过之后……

做人箴言

　　唐代高僧寒山曾经问拾得和尚："今有人侮我，冷笑我，藐视我，毁我伤我，嫌恶恨我，诡谲欺我，则奈何?"拾得和尚说："子但忍受之，依他让他，敬他避他，苦苦耐他，装聋作哑，漠然置之，冷眼观之，看他如何结局?"

当"智慧"已经钝化，"天才"无能为力，"机智"与"手腕"已经失败，各种能力都束手无策、宣告绝望的时候，"忍耐"就是赢得成功的法宝。

　　在中国人眼里，忍耐是一种美德，是一种成熟的涵养，更是一种以屈求伸的深谋远虑。同时，忍耐也是人类适应自然选择和社会竞争的一种方式。

　　世界上许多在事业上非常成功的犹太籍、日籍的企业家、金融巨头亦将忍字奉为修身立本的真经，均在家中、办公室里悬挂巨大的忍字条幅……可以毫不夸张地说，忍学是世界上成功的企业家、政治家、军事家、外交家、科学家的必修之课。

　　为什么如此提倡"忍"呢? 因为，生活中如果我们只做高兴、喜欢

的事，是很容易的。但是要全神贯注地去做一些不快的、讨厌的，为我们的内心所反对的，但我们又不得不去做的事，却是需要勇气、需要耐性的。

忍耐是为了获得，而获得之前必须学会忍耐。

很久以前，有一个养蚌的人，想培养一颗世上最大最美的珍珠，于是，他到海边的沙滩上去挑选沙粒。他一颗一颗地问那些沙粒，愿不愿意变成珍珠。那些沙粒在听了变成珍珠的过程后，都摇头表示不愿意。养蚌人从清晨问到黄昏，都快要绝望了。这时，一颗细小的沙粒答应了他。旁边的沙粒都嘲笑它，说它太傻了，甘心去蚌壳里住，远离亲人朋友，见不到阳光雨露、明月清风，只能与黑暗潮湿为伍。那颗沙粒无怨无悔地随养蚌人去了。斗转星移，几年过去了。那些曾经嘲笑过它的伙伴们，依然只是一堆沙粒，静静地躺在沙滩上，而那颗沙粒已长成一颗晶莹剔透、价值连城的珍珠。

忍耐是一种追求的策略，一个人善于忍是一种人生的大智慧。历览古今中外，大凡胸怀大志、目光高远的仁人志士，无不以大度为怀，置区区小利于不顾，且拥有一种忍耐的优良品质。相反，鼠肚鸡肠，竞小争微，片言只语也耿耿于怀的人，是不可能有出息而成就大事业的。

曾经辅佐过汉高祖的韩信，从小家里穷得几乎揭不开锅，他只能靠钓鱼卖钱度日。因此，淮阴城里人谁也瞧不起他，有些屠户的恶少们还欺侮他。

有一天，他走到街上，遇到这群恶少，其中一个拦住他说："韩信！你虽然长得高大，喜欢带刀佩剑，其实你骨子里却胆小得很，如果你不怕死，拿剑刺我啊。"屠夫的儿子拍着自己的胸膛又接着说："如果怕死不敢，就得从我裤裆底下钻过去。"说完，那恶少就站在大街中间，撑开两只脚，来个骑马蹲。

韩信端详了那小子一会儿，就不声不响地趴下，从他的裤裆底下钻了过去，围观的人都哈哈大笑。从此，人们给韩信取了一个外号，叫"胯夫"（意思是从裤裆底下钻过去的人）。十年后，韩信辅佐刘邦击败项羽，被封为楚王，都城设在下邳。韩信来到下邳，让人找到那个当年让他从胯下爬过的少年，指着他对部下说："这是一个壮士，他侮辱我的时候，我不是不能杀他，而是杀之无名，所以才忍耐至今。"还给了他一个中尉的官。大家听说之后，都佩服韩信胸怀宽广，眼光远大，为了实现自己的抱负，能够忍受常人难以忍受的屈辱。

可见，忍耐并非是一种懦弱，而是一种修养，能够忍耐人性中恶的东西，也是一种自我磨炼。

故此，可以断言——"忍"能使你成大器。

只要牢记"忍"，足能有所成就。越王勾践，卧薪尝胆，以一国之君的身份做人马夫，最终赢得了"三千越甲可吞吴"的大业。

"忍"能助你出人头地。

这是古今官场的绝对真理。如果你能在非原则的事情上不与上司争得面红耳赤，不为上司的一点点小脾气而大动肝火，那么你会以最便捷的办法登上权力之峰。

"忍"能给你带来财富。

商海中讲究"和气生财"，这一点我们用犹太人的经商法则来加以证明。在犹太人看来，对暂时不利于自己的小人要忍耐。他们的《塔木德》一书中有句话，"与其与狗争道被咬伤，还不如让狗先走。"因为即使你将狗杀死，也不能治好被咬的伤。这一精辟理念，告诉人们用忍让暂时躲避伤害，退一步海阔天空，这样做不但能避其锋芒，脱离困境，而且还可以另辟蹊径，重新占据主动。

生命中总是有着几多痛苦，几多折磨，几多困苦，几多险境……几乎每个人在生命的旅途上，都要受到命运之神的捉弄。

当你不甘心做命运的奴仆而又未能扼住命运的咽喉之时，必须学会

忍耐——让所有的痛苦都在忍耐中得到淡化，所有的眼泪都在忍耐中化作轻烟。

能恕人之所不能恕，才能容人之所不能容；能忍人之所不能忍，才会有为人之所不能为。

忍让是祛除病灾的良方。只有具有大才大略的人，才有大恕大忍之量。只有善于忍让的人，才能消除祸灾。忍耐能够磨炼人的意志，使人处世沉稳，面临厄运泰然自若，面对毁誉不卑不亢。忍耐使人刚直不阿，淡泊名利。忍耐可以使人以坚强的心态和从容的步履走过岁月，走过人生。当你走过黑暗与苦难的隧道后，你或许会惊讶地发现——平凡如沙粒的你，不知不觉中，已长成一颗珍珠。

行动方略

忍耐是一种气度，是一种涵养，假如你能忍到最后，胜利就是属于你的。但是并不是凡事都需要一味地忍耐，那样会显得毫无原则。在原则面前，在大是大非面前，当然是"该出手时就出手"，否则，就不是善忍而是懦弱、无能。记住，忍也是需要前提条件的，即"当忍则忍"。

3. 烦！烦！烦！

西方哲人说：世界上最宽广的是海洋，比海洋更宽广的是天空，而比天空更宽广的是人的胸怀。一个心胸宽阔澄明的人，是不会有太多烦恼的。诚然，也不是一切烦恼都是自寻的。外因只是条件，内因才是根本。正如"民不畏死，奈何以死惧之"。一个人若不求长命百岁，自然也就对死亡不那么恐惧；不奢望大富大贵，自守清贫也怡然自得；不想出人头地，默默无闻也能自得其乐。

生活中总免不了有一些苦恼烦闷的事儿。有些烦恼来自外界，必须正视；有些困扰则源于内心，即所谓的"自寻烦恼"。

"魔由心生"说的正是这个道理。

有一个和尚，每次坐禅都幻觉有一只大蜘蛛跟他捣蛋，无论怎样也赶不走。他把这件事告诉了师父。师父让他下次坐禅时拿一支笔，等蜘蛛来了在它身上画个记号，看它来自什么地方。和尚照办了，在蜘蛛身上画了一个圆圈。蜘蛛走后，他安然入定了。当和尚做完功，睁开眼睛一看，那个圆圈原来就在自己的肚皮上。

可见，天下本无事，庸人自扰之。许多困扰来自于我们自身。当然，这种来自自身的困扰我们往往不易察觉，更难以用笔"圈"定。

人都有七情六欲和喜怒哀乐，烦恼也是人之常情，是避免不了的。但是，由于每个人对待烦恼的态度不同，所以烦恼对人的影响也不尽相同，通常人们所说的乐天派与多愁善感型就是明显的区别。乐天派的人一般很少自找烦恼，而且善于淡化烦恼，所以活得轻松，活得潇洒；而多愁善感的人喜欢自找烦恼，一旦有了烦恼，忧愁万千，牵肠挂肚，离不开，扔不掉。

有一个店主，明知有一个不忠实的伙计，天天都要在店里偷东西，但仍将他留在店中，年复一年，而不将伙计开除。这件事恐怕没有人会觉得那个店主英明。然而，我们自己如果整天处于烦恼中，就如同在我们的精神商店中，保留了一个比只偷钱、偷物的小偷坏得多的人。

烦闷的心情能摧毁人的活力，消磨人的精神。一个人在心绪不宁的时候所做的工作自然不能达到最高的效率。因为，人的各种精神机能，一定要在丝毫不受牵制的时候，才能发挥其最高的能力。困于烦恼中的头脑，思考往往会不清楚、不敏捷、不合逻辑。在脑细胞受到烦恼的侵扰时，精力自然不能像毫无干扰的时候那样集中。严重时还会影响到自身的健康。

美国心理治疗专家比尔·利特尔经过研究认为：一个人若有以下心理或做法，必定会促使其自寻烦恼、无事生非：

（1）把别人的问题揽到自己身上。如果你总把别人的问题揽到自己身上而自怨自艾，把某些人不喜欢你的责任也统统归因于自己，那么要不了多久，你就会烦恼成疾。

（2）做不可能实现的梦。最可怜的人是那些惯于抱有不切实际希望的人。如果一个人把自己的目标订得高不可攀，就会因为不能实现目标

做人做到位的9大绝学

ZUORENZUODAOWEI
DE9DAJUEXUE

而烦恼。下面故事中的 A 就被那个空幻的梦想折磨至死——

A 一向过着安分守己的日子。有一天，他忽然得到通知，一位从未听说过的远房亲戚在国外死去，临终指定他为遗产继承人。那是一片价值万金的珠宝商店。A 欣喜若狂，开始忙碌为出国做种种准备。待到一切就绪，即将动身，他又得到通知，一场大火焚毁了那片商店，珠宝也丧失殆尽。A 空欢喜一场，重返机关上班。但他似乎变了一个人，整日愁眉不展，逢人便诉说自己的不幸。

"那可是一笔很大的财产啊，我一辈子的薪水还不及它的零头呢。"他说。

同事们原来都嫉妒得要命，现在都怀着无比轻松的心情陪着他叹气。惟有一个同事非但不表同情，反而嘲笑他自寻烦恼。

"你不是和从前一样，什么也没有失去吗?"那个同事问道。

"这么一大笔财产，竟说什么也没有失去!"A 心疼得叫起来。

"在一个你从未到过的地方，有一片你从未见过的商店遭了火灾，这与你有什么关系呢!"

"可那是我的商店呀!"

不久以后，A 死于忧郁症。

(3) 盯着消极面。牢牢记住你有多少次受到不公正的待遇，或者记着有多少次别人对你说话的态度不友善。如果你把注意力集中在那些不好的、吃亏的事情上，你就会让这种消极的思想来给自己制造烦恼。

俄罗斯著名作家契诃夫的短篇小说名篇《一个小公务员之死》似乎最具代表性。它讲的是一个小公务员在剧院不留神冲着一位将军的后背打了一个喷嚏，惊扰了将军。小公务员从此生活在恐惧之中，怕将军生气，他三番五次找将军道歉，最后惹烦了将军，挨了一句骂，不久，小公务员就死了，被吓死的。

(4) 制造隔阂。从不赞扬别人，却喋喋不休地批评、埋怨别人，小

题大做。

（5）滚雪球式地扩大事态。当问题第一次出现时就正视它，它就很容易化为乌有。反之，如果让问题像滚雪球一样不断地扩大，总是遵照一条简单的规则行事："如果错过了解决问题的时机，索性再往后拖拖。"这样，只会使问题变得更糟，让愤怒和苦闷在你的心中愈积愈深。

（6）以殉难者自居。以为自己付出最多，得到最少。这不仅制造了自己的恶劣情绪，而且还会使周围的人感到厌恶，从而使自己的感觉更糟。

（7）"我早就知道会如此"综合征。如果你预料到有什么坏事会出现，它们多半是会兑现的。

（8）蠢人的黄金定律——把其他人都看得一钱不值。运用这条定律的关键是首先嫌弃自己，一旦贬低了自己的价值，就会觉得其他人也同样浅薄，对他们不屑一顾，使自己变得众叛亲离。

给自己的心灵放个假吧！让疲惫的你充分放松，不要再让名利、物欲的枷锁牵绊你，你会惊喜地发现，你神奇般地恢复了全身的力量，你对前进的道路充满了信心。

只有自己才能束缚自己的心，也只有自己才能解开心灵上的枷锁。解铃还需系铃人，心病还得心药医。不论是高官还是平民，不论是富豪还是穷人，不论是社会名流还是无名之辈，都超越不了"有得必有失"的辩证逻辑。即使你不去自找烦恼，但还是少不了烦恼，因为人是现实的，不是超脱凡俗的圣人，既然这样，我们就要学会善于淡化烦恼，化解烦恼。

做人做到位的9大绝学
ZUORENZUODAOWEI DE9DAJUEXUE

烦恼能摧毁人的意志，消磨人的精神。有效防止烦恼的侵扰，应做到：

1. 比较的观点。发生了重大车祸，死伤多人，皆为不幸。但相对于死者而言，伤者又是大幸，而受惊者则是不幸中万幸了。

2. 时间的观点。受到上级的当众批评，面子上很过不去，心里难以承受。不妨试想一下，一星期后甚至一个月后，谁还会把这件事当回事，何不提前享用这时间的益处呢？

3. 现实的观点。坦然面对现实，对既成事实的过失以及灾祸，不必过多地后悔和烦恼，否则不仅于事无补，而且还会扩大事端，增加烦恼。

4. 换位的观点。处在烦恼中的人，往往执著、钻"牛角尖"，甚至无法自控。如果你正处于烦恼之中，你不妨做自己的旁观者。

5. 知足常乐。如果你对自己要求过高，总不知足，当然很难感到愉快并会增添很多无谓的烦恼。

4. 淡然于世事

做人箴言

要活得随意些，就只能活得平凡；要活得辉煌些，就只能活得痛苦；要活得长久些，就只能活得简单。

飞速行驶的列车上，一位老人刚买的新鞋不慎从窗口掉下去一只，周围的旅客无不为之惋惜，不料老人毅然把剩下的那只也扔了下去。众人大惑不解，老人却从容一笑："鞋无论多么昂贵，剩下一只对我来说都没有什么用处了，把它扔下去，就可能让捡到的人得到一双新鞋，说不定他还能穿呢。"老人看似反常的举动，体现了他清醒的价值判断：与其抱残守缺，不如果断放弃。

人们总是飘飘然于拥有时的喜悦，而凄凄然于失去时的伤悲。而老人却以从容人生的达观之态，超然于世人之上。扔鞋的动作可谓简单之极，然而其中所蕴涵的道理却是如此之深刻。

身体对于食物有不良反应，会影响身体的健康；而情绪对于外在刺激所产生的反应，则会影响心理的健康。每天我们所经历的事情，有愉快的，有悲伤的。就需要我们以一颗从容淡定且平静的心去对待。

一首歌中不也曾这样唱道："曾经在幽幽暗暗反反复复中追问，才

知道平平淡淡从从容容是最真。"

所以，从容是人生的一种品位，需要精细地铸炼；从容是人生的一种境界，需要潜心地滋养。

从容随意的人总是微笑着面对困难，面对环境。他不为日常琐事而计较，不为生活的压力而焦虑。

从容是一个人内在修养的体现。

唐朝的一个督运官，在监督运粮船队时曾因遇大风翻船损失了粮食。卢承庆任巡抚时，在考核他的时候说："监运损失粮食，成绩中下。"督运官听到结果，从容地笑了笑，什么也没说就退了出来。卢承庆看重他的气度和修养，又把他叫过来重新评道："损失粮食非人力所及，成绩中中。"督运官依然从容地笑笑，并没有说一句惭愧的话。卢承庆被此人坦然的襟怀所感动，最后给他评道："宠辱不惊，遇事从容，成绩中上。"

从容不是轻易地肯定什么或轻率地否定什么；它不单单是外在的器宇轩昂、谈笑风生；不是生活中的随心所欲、刚愎自用；不是歌舞厅里的滚滚红尘；更不是交际场上的得意骄横……

从容随意的人总是善待别人、善待生命。寒冷的冬日，将安慰的话语送给沮丧的同事；落日的黄昏，把省吃俭用的工资凑给不幸的邻居。他们同样也为生活中的琐琐碎碎整日奔忙。别人眼里，他们大大咧咧又有条有理；亲人眼里，他们是老人天伦之乐的轴心，是后代茁壮成长的动力。

当然，他们也同样会遭遇委屈、失意与挫折、苦难，只是他们总能暗暗告诫自己重新振作，命令自己跨过颓唐，适应新的处境，去拥抱新一轮的太阳。

从容随意的人是水，能随着时代的进步，不断调整生活的节奏。

从容随意的人又是画，一幅清新隽秀的山水画。无论外界风卷云

涌、世事变迁，内心总是一派处事不惊、安详宁静的意境。

这也是一种对自己人格与性情的冶炼，是在纷扰的尘世中物我两忘、心存淡泊，午阳下可静坐，闹市中可信步。不拘于人言是非，不迷恋利禄功名，视坎坷如平地，视困苦如香茗，始终不忘自我雕琢，自我充盈。从容之人永远会有松柏气节，云水襟怀，教诲你诚实做人，公道处事，善待人生。

真实的从容恰如孔子所曰："粗茶淡饭，弯臂当枕，乐就在其中了。不义而富且贵，于我如浮云；合乎道，做执鞭之士，我亦为之。""君子的襟怀永远是坦坦荡荡，从从容容，而小人多欲，常常为得不到的东西忧愤于心。"

在美国位于布朗克斯的希伯来老人院里有十几位世纪老人，许多人早年都在各自曾奋斗过的领域里颇有建树，但当人们问他们如何成为人间的常青树的时候，104岁的伦克·魏因加腾说："主要的原因是看得开，我从不为自己所不能主宰的事烦心，我一生都主张顺其自然，从容生活。"101岁的费伊·费希尔说："每当出现什么问题时，我都从容处之，我总是想像着把问题当成冰，把它放到太阳底下慢慢融化。许多人却喜欢把'问题之冰'放到自己前进的路上碾碎，因为总是行走在充满'问题'的坎坷的道路上，以致使生命之车过早地损毁或消逝了。"

任光阴荏苒，任青丝染成白发，从容随意的老人们总能追寻到生活的乐趣，总能发现身边美丽的风景。哪怕身心一次次受伤，哪怕生活一次次受挫，他们更宽容、更感恩，更能呈现出历尽沧桑却依然随遇而安的美丽。

一贯从容的人，从不为自己的平凡而叹息；不为自己默默无闻而计较；不为自己不能出人头地而绞尽脑汁。他始终看准自己的奋斗目标且锲而不舍，即使一时失败也毫无怨言，直到作出伟大的业绩，才淡然说：当初，我认准目标是对的。

从容面对人生，正确接受自我。从容的人不管在什么环境中总能自信地过好自己的一生。

从容面对人生，就是在实现自我价值的过程中做到问心无愧。只要认准了，就坚定不移地去做。无论结果怎样，自己做了，努力了，也就可从容面对悲欢离合，阴晴圆缺。

从容面对人生，决不是无动于衷，消极避世。真正从容的人，只是"喜怒不形于色"，这样才不致"乐极生悲"，"喜极而泣"。

139

5. 没事找点快乐

生命中最大与最困难的问题，基本上都是解决不了的，而有些人在苦闷中能保持相当的乐观，并不是他们解决了问题，而是他们找到更强、更新的生命目的取代那种苦闷。

——容格

忘记恩怨。10岁时的事情，30岁回头再看全是笑话；30岁时的事情，50岁回头再看全是笑话；50岁时的事情，70岁回头再看，仍然是笑话。做人，快乐是最要紧的。我们不是缺少快乐，而是缺少对快乐的发现和感受。

——刘炽（我国名作曲家）

著名专栏作家哈理斯（Sydney Harries）和朋友在报摊上买报纸，那位朋友礼貌地对报贩说了声谢谢，但报贩却冷口冷脸，没发一言。

"这家伙态度很差，是不是？"他们继续前行时，哈理斯问道。

"他每天晚上都是这样的。"朋友说。

"那么你为什么还是对他那么客气？"哈理斯问。

朋友答道："为什么我要让他决定我的行为？"

确实，快乐是自己的事情，只要愿意，你可以随时调换手中的遥控器，将心灵的视窗调到快乐的频道。

从前，在威尼斯的一座高山顶上，住着一位年老的智者。人们都盛传他能回答任何人的任何问题。有两个调皮捣蛋的小男孩并不以为然，他们甚至认为可以愚弄他，于是就抓来一只小鸟去找他。一个男孩把小鸟抓在手心，一脸诡笑地问老人："都说您能回答任何人提出的任何问题，那么请您告诉我，这只小鸟是活的还是死的？"老人想了想，他完全明白这个孩子的意图，便毫不迟疑地说："孩子啊，如果我说这鸟是活的，你就会马上捏死它；如果我说它是死的呢，你就会放手让它飞走。你看，孩子，你的手掌握着生杀大权啊！"

我们每个人都应该牢牢地记住这句话，每个人的手里都握着关系成败与哀乐的大权。但是，我们却常在不知不觉中把它交给别人掌管。

一位女士抱怨道："我活得很不快乐，因为先生常出差不在家。"

——她把快乐的钥匙放在先生手里。

一位妈妈说："我的孩子不听话，叫我很生气！"

——她把钥匙交在孩子手里。

男人可能说："上司不赏识我，所以我情绪低落。"

——这把快乐钥匙又被塞在老板手里。

婆婆说："我的媳妇不孝顺，我真命苦！"

年轻人从文具店里走出来说："那位老板服务态度恶劣，把我气炸了！"

这些人都作了相同的决定，就是让别人来控制自己的心情。当我们允许别人掌控我们的情绪时，我们便认为自己是受害者，对现况无能为力，抱怨与愤怒就成了我们惟一的选择。我们开始怪罪他人，并且传达一个信息："我这样痛苦，都是你造成的，你要为我的痛苦负责！"

我们把这一责任托给周围的人，要求他们使我们快乐。我们似乎承认自己无法掌控自己，只能可怜地任人摆布。

而一个成熟的人却知道，能够掌控自己心灵的，永远只能是自己。世上没有绝对幸福的人，只有不肯快乐的心。

生活中我们还会遇到这样一个问题，当我们刻意去寻找快乐时，快乐却突然会变得如同天上的一道彩虹，虽然光彩夺目，却虚幻得令我们难以捕捉。这时我们会感到空虚，觉得烦恼。那是因为快乐总是藏身于生活的点点滴滴中，在有意无意间，愉快的事情不期而至才会让你快乐不已。

生活中需要自得其乐的精神。而自得其乐则来自于对生活的信仰，来自于抛开世俗功利的洒脱。说到底，我们活得是否快乐，是由我们的精神所决定的。

有这样一个小故事。一群年轻人到处寻找快乐，但事不遂人愿，就向苏格拉底请教。苏格拉底要年轻人先帮他造一条船，于是年轻人暂时把寻找快乐的事儿放在一边，用了七七四十九天，造成了一条独木船。年轻人把老师请上船，一边合力荡桨，一边齐声唱起歌来。苏格拉底说："你们快乐吗？"年轻人齐声回答："快乐极了！"

瞧！苏格拉底于劳动中帮这群年轻人寻到了快乐。

家庭、社会、许多事、许多人，常常不尽如人意，不凑巧的事、倒霉的事、煞风景的事，构成了生活画面中诸多不调和的线条，组合成生活中不和谐的旋律。然而，我们必须在掌握自己的同时学会超脱，学会自寻快乐，才能保持良好的身心状态，轻松愉快地生活。

一个真正快乐的人，不会期待别人使他快乐，反而能将快乐与幸福带给别人。他情绪稳定，为自己负责，和他在一起是种享受，而不是压力。

所以当快乐来临时，不要轻易让它流逝。即使快乐中有一些无奈，有一些酸楚，也不要轻易放弃。

行动方略

　　快乐的人只记得生活中的美好之事，而不快乐的人却只记得不如意的事。如果你没有天生的愉快性格，那就照以下原则来培养吧。

　　1. 对简单事物保持兴趣。这些事物就在你身边随时供你欣赏。

　　2. 尽量喜欢工作。不喜欢工作的人，会产生一种刻板、重复的不愉快情绪，疾病也就接踵而至。

　　3. 广交朋友，积极做人。因情绪不良而致病的人，几乎对人人都讨厌，他们孤立自己，常觉得受人排挤，逐渐由郁郁寡欢恶化到极度自卑。

　　4. 养成乐天愉快的习惯，珍惜眼前的美好时光。

　　5. 当机立断。宁可偶或出错，不要为小问题犹豫不决，那会使你情绪低沉。

6. 争而不胜

做人箴言

　　争强好胜，是世人的普遍行为。你强，我要比你还强；你厉害，我要比你更厉害。殊不知，正是在这你争我斗中丧失了与"道"相谐的机会。"道"，即柔、静、和、凡。争强好胜，势必会锋芒毕露，失去了柔。争强好胜，就会常处在纷扰之中而静不下来，这样便失去了静。争强好胜，就会你争我斗，产生矛盾，因此就失去了和。争强好胜，就会张扬与炫耀，就不甘于寂寞，因而就失去了凡。

　　争强好胜可以帮助一个人在人生的路上永葆充足的动力，也是成功者必备的素质之一。事业上，适当张扬一下个性，更容易走向成功。但切记，在与人交往时，不要过于争强好胜。因为，争强好胜会使我们不够冷静机智，引发无意义的争执，应具备控制冲动的能力。

　　犹太人的《塔木德》经文上说："如果你很有个性和思想，不会轻易同意他人的观点，更不愿向别人屈服，喜欢与人辩论，总是在面红耳赤的争吵中赢得胜利，那么，最终的结局是朋友渐渐地都远离了你。"

　　任何事物都有两面性，争强好胜也不例外。在犹太人看来，争强好胜的个性特点如果控制得好，可以成为事业成功的"增速器"。否则，它也很可能会成为影响我们正确发展的弱点，成为我们得罪别人的罪恶之源。

本杰明·富兰克林说过："如果你老是抬杠、反驳，也许偶尔能获胜，但那只是空洞的胜利，因为你永远得不到对方的好感。"衡量一下，是宁愿要一种表面上的胜利，还是要别人对你的好感？

拿破仑的家务总管康斯坦在《拿破仑私生活拾遗》中写到，他常和约瑟芬打台球："虽然我的技术不错，但我总是让她赢，这样她就非常高兴。"我们可以从康斯坦的话里得到一点启示：让我们的朋友、丈夫、妻子在琐碎的事情上赢过我们，生活会更和谐。

有位爱尔兰人名叫欧·哈里，听过卡耐基的课。他受的教育不多，但是生性却喜欢争强好胜。他当过汽车销售员，后来因为推销卡车不成功，来求助于卡耐基。

听了几个简单的问题，卡耐基发现他业绩不佳的原因就出在他那争强好胜的个性上，如果顾客挑剔他的车子，他立刻会涨红脸大声强辩。

欧·哈里承认，他在口头上赢得了不少的辩论，但并没能赢得顾客。他后来对卡耐基说："在走出人家的办公室时我总是对自己说，我总算整了那混蛋一次。我的确整了他一次，可是我什么都没能卖给他。"

卡耐基的第一个难题不在于怎样教欧·哈里说话，而是要训练他如何自制，避免争强好胜。

欧·哈里后来成了纽约怀德汽车公司的明星推销员。他是怎么成功的？他说："如果我现在走进顾客的办公室，而对方说：'什么？怀德卡车？不好！你送我我都不要，我要的是何赛的卡车。'我会说：'老兄，何赛的货色的确不错，买他们的卡车绝对错不了，何赛的车是优良产品。'这样他就无话可说了，也就没有了抬杠的余地。如果他说何赛的车子最好，我说没错，他只有住嘴了。他总不能在我同意他的看法后，

还说一下午的'何赛车子最好'。我们接着不再谈何赛，而我开始介绍怀德的优点。当年若是听到他那种话，我早就面红耳赤地与他辩论了，我就会挑何赛的缺点，而我越挑剔别的车子不好，对方就越说它好。争辩越激烈，对方就越喜欢我竞争对手的产品。现在回忆起来，真不知道过去是怎么干推销的！以往我花了不少时间在抬杠上，现在我守口如瓶了，果然有效。"

另据加拿大科学家所作的一项研究表明，从人的能力上讲，发挥争强好胜精神实际上仍有一个合理的界限，过于争强好胜会对人的健康造成损害，缩短寿命。

加拿大研究人员对曾于 20 世纪在多伦多大学医学院担任过班长的400 多人进行了有关长寿问题的调查。在被调查者中，有 88％的人为男性，93％为白种人，7％的人在后来的生涯中被列入名人录。相比之下，在普通同学中，后来被列入名人录的比例仅为 1/200。

研究期间，1521 名医学院毕业生中有 220 人相继去世。研究结果显示，那些曾在班里"高人一头"的班长的平均寿命为 49 岁，较那些默默无闻的同学的平均寿命要短 2.4 年。研究人员表示，尽管目前还不能十分确定为何班长比一般同学要短寿的原因，但这种差异并非偶然，因为当班长的人通常都是争强好胜者。

研究人员介绍说，争强好胜者的特点是雄心勃勃，喜欢出头露面和勇于取胜。在这种性格的驱使下，争强好胜者所承受的负担比一般人要重，面临的压力也较他人要大。这些人往往会"玩命地"去实现自己的抱负。他们经常是饥一顿、饱一顿，睡不好觉，也不锻炼，在不知不觉中损害了自己的健康。研究人员表示，如同一个长期吸烟的人会从累积效应上缩短自己的寿命一样，争强好胜者所采取的非正常生活方式对长寿的影响也表现在累积效应上。

虽然，争强好胜的人愿意将人生视为一连串的竞赛，并非全然是坏事，不过，全力以赴与事事要求获胜则完全是两回事。人之所以如此渴求获得胜利，或许是因为对于自己存在的价值缺乏自信所致。

每个人都希望借助获胜的事实，让他人来肯定自身的价值。

因此，大家都是不肯轻易认输的人，需要活在胜利的荣耀里，而且一旦表现不如预期理想，或是已经尽力而为但仍比他人差一截时，就很容易陷入极度的沮丧中，从而影响到自身的健康。

行动方略

争强好胜的人大多容易冲动。如果你想赢得友谊，就必须学会控制冲动。首先要能控制自己，然后才能控制别人。控制自己的冲动并不是件容易的事情，因为我们每个人的心中永远存在着理智与感情的斗争。控制冲动应按理智判断行事，克服追求一时感情满足的本能愿望。一个真正具有控制冲动能力的人，即使在情绪非常激动时，也是能够做到这一点。

第六章　剔除小毛病，还原真本性

1. "狂妄"小病致大恶

> 罗马帝国带兵将领在外打了胜仗，全罗马人民涌上街头迎接军队凯旋。当这名将领骑着马，穿过欢呼的人群时，一名少年在他后面吟唱着："*mementomori，mementomori.*"——拉丁文，原文意思是：要记住，你是凡人啊！

东汉初年，刘秀称帝，但天下尚未统一，各路豪强各自为政，其中，以公孙述最为强大，自立为帝。因此，在陇西一带称霸的隗嚣，派马援去公孙述处打探情况。马援，字文渊，茂陵（在今陕西）人，在隗嚣手下，是个很受器重的将才，他接受使命，信心百倍地踏上征途。

公孙述是他的同乡，早年又很熟悉，所以这次去，他以为一定会受到热情的欢迎和款待，可以好好地叙旧说故。然而事出意外，公孙述听说马援要见他，竟摆出了皇帝的架势，自己高居殿上，派出许多侍卫站

在阶前，要马援以见帝王之礼去见他，并且没说上几句话就退朝回宫了。接着，公孙述又以皇帝的名义，给马援封官，赐马援官服。

对此，马援很不高兴，他对手下的人说："现在天下还在各路豪强手中争夺，还不知道谁胜谁败。公孙述如此大肆铺张，自以为是，有才干的人能留在此与他共同建立功业吗？"

马援回到隗嚣处，对隗嚣说："公孙述就好比井底的青蛙，看不到天下的广大，自以为了不起，妄自尊大，我们不如到东方（洛阳）的光武帝那里去寻找出路。"

后来，马援投靠了光武帝刘秀，在光武帝手下当了一名大将，竭尽全力，帮助光武帝统一天下。而公孙述则为自己的狂妄付出了昂贵的代价。

这种妄自尊大的人往往极端放肆、目空一切。他们只要有机会标榜自己，就会抓住不放，大吹大擂、口出狂言，给人一种趾高气扬、傲慢无礼的感觉，仿佛周围人都是一些鼠目寸光、酒囊饭袋之辈，全不把他们放在眼中。

产生狂妄的情景较为宽泛，具有狂妄心理的人时不时会表现出狂妄的心态和行为，在一些特定的情景中更容易出现。一是当议论、研讨某个问题时，不管自己对议论和研讨的内容是否熟悉，都会情不自禁地大放厥词、高谈阔论，全然不顾他人的感受，也绝不会给人留一点情面而有所收敛；对于别人的不同看法和观点则不屑一顾，大有老子说的便是真理，容不得他人多嘴的架势。另一种是当有人褒扬他人的知识才干时，就会嗤之以鼻，认为只有自己才有资格受此殊荣，大言不惭地吹嘘自己的知识才干，他人不过尔耳，与自己不可同日而语；或者千方百计贬低他人，把他人贬得一钱不值，一无是处，以显示自己才是鸟中凤凰。

除了这些情景外，有狂妄心理的人还会制造适合显示自己狂妄的情

做人做到位的9大绝学

ZUORENZUODAOWEI DE9DAJUEXUE

景。例如，在与人交往时，竭力表现自己与众不同的优越感，以慑服众人，从而可以盛气凌人、逞性妄为，显得不可一世、惟我独尊。公孙述就属此例。

狂妄与骄傲不同。骄傲通常是对自己的长处自吹自擂，自高自大。尽管骄傲也有夸大的虚假成分，即夸大自己的长处，把自己说得有如完人，但绝不会夸大到肆无忌惮、恣意妄为的程度，也绝不会口出狂言、放肆无礼。而狂妄则是骄傲的极端，完全是目中无人，不知天高地厚。

克罗伊斯就是一个很好的例子。克罗伊斯是吕底亚国的国王，所辖领土位于今天的小亚细亚。经过连年征战，灭了邻近许多小国后，踌躇满志的克罗伊斯，正在估量攻打波斯帝国的胜算。这些年来，波斯帝国国力日益壮大。

攻打之前，克罗伊斯两次求教神谕，所得到的答案均为：如果发动战争，他将摧毁一个强大的帝国。

受到问卜结果的鼓舞，克罗伊斯下令进攻波斯，不料吃了败仗，并被迫撤退到老家萨迪斯，最后全城投降，克罗伊斯自己也成了阶下囚。

被押解出城之前，克罗伊斯怪罪女祭司给他的预言有误。女祭司答称，克罗伊斯无权抱怨。她预言，如果克罗伊斯攻打波斯，他将摧毁一个强大的帝国。克罗伊斯果然摧毁了一个帝国——他自己的国家。

若心怀谨慎，国王应进一步问女祭司，哪一个帝国将被摧毁，而不只是从最有利的角度诠释神谕的内容。

希腊历史学家希罗多德对此所作的分析是：成功易生狂妄自大，即成功让人产生狂妄。一个成功者，不管为个人或国家，当其洋洋自得时，就会出现不谨慎或不慎重的行为，最终导致败亡。

比尔·盖茨曾说："如果我们有了一点成功便觉得了不得，这是很

危险的。假如有人能在我们为自己的成功自鸣得意时，教训我们一番，那是我们的幸运。"

事实上，多数人在生活中并不会有运气遇到这样一个肯时时提醒我们、指引我们的人，一切都需要靠我们自己来把握。

所以，当你做了一件自鸣得意的事时，应该自问：这件事能够成功，是不是靠了别人的力量，或是外在的因素？因为有许多场合，我们常会被这种环境促成的成就，当成是自己了不起的功绩，因而愚蠢地蒙蔽了自己。

美国芝加哥第一国家银行总经理，有一次这样评论他的一些年轻的下属职员，"在我们银行里做事的年轻职员们常有一个通病，就是常常喜欢自视非凡。尤其是那些地产部和证券部的职员，他们一旦完成一笔巨额交易，便大摆架子，好像做成这笔交易非他莫属。实际上，那只不过是完全靠了银行招牌的号召力罢了。"

当然，如果你有一个大公司的招牌可以利用，你就不妨尽量运用它以增进你的工作效率。但是事成后，必须把功劳仔细分析清楚——这件事的成功，究竟是完全靠你一人之力，还是靠那块招牌的力量。如果有后者成分夹杂在内，那你就应思索一下：将来如果遇到同样的场合，但没有这个靠山时，应该怎样去做成这笔生意。不要因此就不可一世地妄自尊大起来。否则，你的结局极有可能会是这样的——

一条狼徘徊在山脚下，落日的余辉把它的影子拉得特别长。看着自己的影子，它得意洋洋地对自己说："我有这么长的身体，几乎有一亩田那样大，为什么还要怕狮子？难道我不该被称为百兽之王吗？"正当它沉醉其中时，一头狮子向它扑来，将它咬死了。

行动方略

我们应该如何避免成功带来的妄自尊大？

1. 主动与他人交流，学习他们的长处，他们的经验，他们对问题的独到见解。

2. 当某些问题出现根本分歧时可找上司协调解决，但一定要选择双方都能接受的方式。

3. 从职业发展的角度看，只要对个人发展有利，适当的隐忍也是必须修炼的一门功夫。

2. 告别懒惰

做人箴言

懒惰像金钱，拥有越多，越想要。

有这样一个笑话。

有个人天生懒惰，什么事都不喜欢做。一次父亲让他去买肉，他说："我不爱动，干脆在我身上割一块得了。"父亲早就因为他的懒惰而生气，就真的在他屁股上割了一块肉。见他一点反应也没有，问他："你不疼吗?"他回答："我懒得叫。"

这个故事虽然较为夸张，然生活中也确实不乏其人。他们终日游手好闲、无所事事，无论干什么都舍不得花力气、下工夫，总是贪图安逸，幻想美事能从天而降，往往遇到一点风险就会吓破了胆。

懒惰的人是生活的失败者。他们总是以种种借口逃避工作，逃避劳动，逃避现实生活。比如"那山太难爬了"或者"那没必要试——我已经试过多次了，都没有成功，无需再试了"等等。针对这种种诡辩，比尔·盖茨曾经在信中这样批评一位年轻人，他写道："你这是懒惰行为，所谓没有时间等等，都只是借口，你总是用种种漂亮的借口来为自己辩解，我看你最根本的一条就是不肯努力，不肯下工夫，你的理论就是每

154

一个人都会把他能干的事情干好的。如果有哪一个人没有干好自己的事情，这表明他不胜任做这件事情。你没有写文章不表明你不能够写，而是你不愿意写；你没有这方面的爱好证明你没有这方面的才干。这就是你的理论。如果你这个理论能为大众普遍接受的话，它将会产生多大的负面作用啊。"

毫无疑问，懒惰是一种精神腐蚀剂，懒惰的人是难以成大事的，因为对成大事者而言，他们不相信伸手就能接到天上掉下来的馅饼，而是相信勤奋者必有所获，相信"勤奋是金"。

其实，每个人都有懒惰的天性，而善于进行时间管理的人能够克服这种天性，使自己勤奋起来；单靠勤奋不一定能取得成功，但成功者无一不是勤奋的。懒惰的人在浪费时间的同时，也丧失了成功的机会。

法国著名天文学家卡米尔·弗拉马隆身边曾有过一名懒惰而又贪睡的助手，由于他的失职，使弗拉马隆对星球的观察不止一次地遭到失败。一次，这位助手又睡得错过了每天一次的夜间星球观察。弗拉马隆实在忍耐不住了，便生气地对他说："又错过机会了！就在你睡觉的这段时间里，这颗星已经'跑'了几亿公里了……现在你给我到草垛里找针去吧……"

比尔·盖茨说："懒惰、好逸恶劳乃是万恶之源，懒惰会吞噬一个人的心灵，就像灰尘可以使铁生锈一样，懒惰可以轻而易举地毁掉一个人，乃至一个民族。"

亚历山大征服波斯人之后，他明白了波斯人之所以失败的原因之一就是懒惰。他注意到这个民族的生活方式是如此嗜懒成性。他们生活腐朽，对于辛苦劳动厌恶之极，一心只想着能够舒适地享受一切。看到这些，亚历山大不禁感慨道："没有什么东西比懒惰和贪图享受更容易使一个民族奴颜婢膝的了；也没有什么比辛勤劳动的人们更高尚的了。"

可见，懒惰就是这样一种堕落的、具有毁灭性的东西。最可怕的

是，懒惰是所有恶习的根源。当它悄然潜入你的生活，成为你的一种生活方式时，它就如同一剂毒素，抑制你的思想和激情，慢慢地将你拖入一种沮丧、空虚、时时会感觉自己一无是处或踌躇不得志的精神状态当中，最后直至万念俱灰。

不要轻视懒惰对人的危害，它不仅是一种生活习惯，据专家分析，它更是一种心理的厌倦情绪。

它的表现形式多种多样，极端的懒散和轻微的犹豫不决，生气、羞怯、嫉妒、嫌恶等都会引起懒惰，使人无法按照自己的愿望进行活动。它突出地表现在日常学习、生活当中，如果你有如下表现，那你就该适时注意自己的生活方式了：

（1）不能愉快地同亲人或他人交谈，尽管你很希望这样做。

（2）不能从事自己喜爱做的事，不爱活动，情绪总是很低沉。

（3）整天苦思冥想而对周围漠不关心。

（4）由于焦虑而不能入睡，睡眠不好。

（5）日常起居无秩序，无要求，不讲卫生。

（6）常常迟到且不以为然。

（7）没有生活目标，也从不积极去思考。

面对惰性，有的人浑浑噩噩，无视它的危害；有的人寄希望于明日，幻想美好的未来；而更多的人虽极想克服这种行为，但往往不知道如何下手因而得过且过，日复一日。

对此，著名哲学家罗素的一句话可谓精辟："真正的幸福绝不会光顾那些精神麻木、四肢不勤的人们，幸福只在辛勤的劳动和晶莹的汗水中。"

确实如此，劳动并不总意味着辛苦。无论多么美好的东西，只有付出相应的劳动和汗水，才能懂得这美好的东西是多么的来之不易，因而愈加珍惜它，才能从中享受到快乐和幸福，这是一条万古不变的真理。

做人做到位的9大绝学

ZUORENZUODAOWEI DE9DAJUEXUE

即使是一份悠闲，如果不是通过自己的努力而得来的，这份悠闲也并不甜美。

"一个无所事事的人，不管他多么和气、令人尊敬，不管他是一个多么好的人，不管他的名声如何响亮，他过去不可能、现在不可能、将来也不可能得到真正的幸福。生活就是劳动，劳动就是生活……"斯坦利．威廉勋爵如是说。

行动方略

懒惰是美好生活的大敌，要享受生活，就要战胜懒惰。

1. 学会微笑。当你带着笑容与亲人朋友交谈，他们同样会微笑对你。

2. 制订可行计划。将工作时间化、细化、具体化，一项一项做，这是摆脱懒惰的最好方法。

3. 从小事做起，做想干愿干的事情。时时肯定自己，结果并不重要，重要的是你从中得到的充实感及付出的努力。

4. 保持乐观的情绪，不为琐事动气。以坚强的毅力、乐观的情绪，脚踏实地地实践由易到难的目标，是我们每一个人都可以做到的。

5. 换一种方式看事情。

3. 甩掉"自卑"杀手

做人箴言

当我们还是个孩子时，我们是快乐而活泼的。随着时光的流逝，我们渐渐长大成人后，会对人生有更深的感悟。我们会逐渐发现，人的生命就像一条小河，尽管没有江海那么跌宕起伏，却始终裹挟着忧伤的泥沙。在每一个生命的周期，我们都会感到失望、挫败、索然无味、心情压抑，不是对身边的一切漠然处之，就是无谓的哀叹。

为什么别人事事能如此成功而顺利？为什么别人的家庭能如此幸福美满？为什么同事总是能得到老板的夸奖？为什么当年大学的好友现在都比自己出色……

你我身边的很多人都是如此，穷其一生，总把自己的目光集中在别人身上，与他们作毫无意义的比较，从工作到家庭，从身份到地位……心中夹杂着妒忌，比较的结果自然是失落与自卑。

自卑，就是自己瞧不起自己，是一种消极的情感体验。在心理学上，自卑属于一种性格的缺陷，表现为对自己的能力和品质评价过低。

也许，"天下无人不自卑"。可是，有些人之所以容易自卑，最主要的原因就是他们总是带着一丝嫉妒的目光去注视他人，他们总觉得自己永远也没有别人好。许多时候，明知事实未必如此，可总是说服不了自己走出这种无止境的自我折磨。

自卑令情绪低沉，郁郁寡欢，常因害怕别人看不起自己而不愿与人来往，只想远离人群。他们缺少朋友，顾影自怜，甚至自疚、自责；他们对未来缺乏自信，优柔寡断，毫无竞争意识，抓不到稍纵即逝的机会，享受不到成功的欢愉。

从专家角度来说，无论怎样坚强的人，其骨子里都有深刻的自卑意识。这种深刻的自卑，也使一些人在情感上表现为程度不同的脆弱。自卑的人，特别容易受到伤害，在情绪上表现为很不稳定。自信的人，很容易控制情绪。不稳定的情绪会使事情变得糟糕，使各种关系变得复杂，结果往往又反过来加强了他们的自卑。

自卑会让人很敏感，在乎别人对自己的看法，在乎自己，甚至导致自恋。他们经常欣赏自己的身体、自己的容貌，特别欣赏经过精心打扮的自己，经常在自我欣赏中陶醉，而每当此时，他们就显得自信。这种自恋其实就是自卑。所以，自卑的人似乎总是在自卑和自恋的相互影响与转换中循环，总是表现为经常的不满和很容易满足。

这种永无止境的自我折磨最终只会让自己变成一个喋喋不休、心胸狭窄的人，痛苦一生，毁灭人生。

当然，如果能认识到自己的这一弱点，就应该想办法克服这种盲目的自卑与自恋，从而拥有独立的人格、稳定的情绪、理性的自信。曾有一个伟大的人就是这样帮自己走出了自卑的阴影。

他相貌丑陋，人们都对他另眼相看。他从不修饰，从不在乎衣着。窄窄的黑裤子，伞套似的上衣，加上高顶窄边的大礼帽，仿佛要故意衬托出他那瘦长条似的个子，走路姿势难看，双手晃来荡去。

他生活在偏远山村，总是讲不得体的笑话，在公众场合往往会忽然

忧郁起来，不言不语。无论在什么地方——在法院、讲坛、国会、农庄，甚至于自己家里——他也处处显得无所适从。

他出身贫贱，身世蒙羞。母亲是私生子，他一生都对此非常敏感。

他虽然出身低微，却比任何人都更有成就。他就是美国前总统——林肯。

一个人有这么大的弱点而不去弥补，难道也能得到林肯那样的成就吗？

原来，林肯并不以此当做命运对他的不公，而是凭伟大的睿智与情操，使自己凌驾于一切短处之上，置身于更高的境界。他拼命自修来克服早期的障碍、自身的不足。他曾经是那么的孤陋寡闻，知识无涯而自己却知之甚少，他总是感觉沮丧。他在填写国会议员履历表时，在教育一项内填的是："有缺点。"

他的一生就是对一切他所缺乏的东西进行全面补偿。他不求名利地位，集中全力以求达到更高的目标，他渴望把他的独特思想与崇高的品格里的一切优点奉献出来，造福人类。他终于做到了。

行动方略

自卑容易受到伤害，更甚者会失去对生活的勇气，积极地振作起来，克服自卑，生活会充满阳光。

1. 心理暗示法。做事前给自己一些鼓励性的语言："我一定会成功，我一定会成为我希望成为的人，只要我加倍努力。"

2. 寻找力量法。成功的人物传记和事例，可帮你找到勇气和力量，增强你的自信心。

3. 自我分析法。从多方面分析原因，家庭背景、生活环境、受到的教育、是否缺乏亲人与朋友的帮助，人生目标、人生信念是什么等等。找出缺乏自信的原因。

把自己放在一个大环境中，才会更容易超脱。社会中可能有人会比你强，但一定有许多人比你的处境更差。从大环境中去分析，能让你从个人小圈子的局限中超脱出来，从渺小自卑的情绪中超脱出来。超越了局限和自卑，你便能更正确地肯定自己。

4. 不完美≠不美丽

做人箴言

古语云：甘瓜苦蒂，物不全美。从理论上讲，人们大都承认"金无足赤，人无完人"。正如世界上没有十全十美的东西一样，也不存在精灵神通的完人。但在认识自我、看待别人的具体问题上，许多人仍然习惯于追求完美，求全责备，对自己要求过分完美，对别人也往往全面衡量。

一个人如果对自己和他人要求过高，总是追求完美，我们就称其为完美主义者。完美主义者的性格首先表现为固执、刻板、不灵活，给自己或他人设定一个很高的标准，受到挫折就感到很痛苦，不能接受。

某著名汽车制造公司的总经理就是这样的人，虽然公司的销售还不错，但离他的高标准还有些差距，他不能忍受，最终以自杀结束了自己的生命。有位软件设计工程师在编程序时要求自己像写古诗一样把程序写得都一样长，结果他日日夜夜苦思冥想，工作效率和成果可想而知。

多数情况下，追求完美的人其结果往往总是事与愿违。尽管他们才智过人，尽管他们工作勤奋。但是，他们就是难以做出成效，眼看着各方面能力差一些的人成果都十分显著了，而他们却依然默默无闻。为什么呢？原因很简单，他们之所以不能取得成绩，就是因为他们在做任何事情之前，总是不能克服自己追求完美的痴情与冲动。他们总是想把事情做到尽善尽美，这本是一种优点，但是他们在做一件事情之前，总是想使客观条件和自己的能力也达到尽善尽美的完美程度然后才去做。因而，他们的人生便始终处于一种等待的状态之中。他们在等待所有的条件成熟，就这样，他们在等待完美中度过了自己不够完美的人生。

比如，他想写一篇某方面的论文，他首先会在尝试几种、十几种、乃至几十种方案之后才去动手写。这样做当然是好的，因为他可能在比较之中找到一种最佳的方案。但是，在他开始写的时候，他又会发现他选择的那种方案依然有些地方不够完美，多多少少还存在着一些错误和缺点，达不到尽善尽美，而他却非要找出一种"绝对完美"的方案来。因为，他不希望自己的作品有任何的瑕疵。于是，他将这种方案又重新搁置起来，继续去寻找他认为"完美"的新方案。事实上，世界上从不会有"绝对完美"之事，他只是在费时费力地为自己寻找一种根本不存在的东西。就这样，他总是使自己处于烦恼之中，而结果却是空使时间成蹉跎。

一位画家曾发誓要完成一部超过所有伟大画家的作品，这幅画也将达到人类智慧的极致。他把自己关在画室里，与世隔绝，可是过了好多年，他的画作也没有问世。直到他最后死去，人们在清理他的画室时，发现一个被巨大的帷布遮住的画架，人们猜想那可能就是画家的完美之作了。揭开之后，大家看到那是一张涂满各种涂料，却没有任何图案的"画"，它甚至不能称之为"画"，而更像是一块调色板。原来，画家一直以为画作应该不断修改才趋于完美，于是他不停地否定自己，在画布上涂涂改改，结果耗尽了一生的精力却一事无成。

完美主义的人往往不愿意接受自己或他人的弱点和不足，凡事总是

非常挑剔。事实上，许多人都或多或少地有过"追求完美"的情结，如若不信，针对以下行为，看看你是否曾经或者正在经历——

生活中你没有什么好朋友，总也找不着对象；和谁也和不来；经常换单位；搬了新家却从未请朋友来玩过，因为窗帘还没有装；这篇文章的构思还不是非常成熟，所以还没有写等等。为什么？那是因为你总是将注意力集中于人或事物的缺点上，而忽略了其内在的优点。事情往往会这样，当你把全部注意力集中于苛求细枝末节时，别人却在同样的条件与环境中早已成功。

当然，注重细节并非坏事，它可能会使我们在某些方面做得更为出色，比如形象设计师、会计师等都需要注重细节。但并不是任何时候，细节都是很重要的。太注重细节可能会使我们工作过程减慢，会使我们难以和他人真正友好地相处。

完美主义的人表面上看似非常自负，其实内心深处却极度自卑。因为他很少看到优点，总是关注缺点，总是不知足，怕犯错误，因为他不能肯定自己，从而失去增强自信心的机会。

我们做一个试验，让一位完美主义者和一位现实主义者分别提交一份工作方案。你会发现，完美主义者可以一下子给你提供好几种可能的方案，分别说明其可行性与利弊得失，但自己却无法确定哪一种方案更好，所以他的方案不能使他立刻行动。而现实主义者则极有可能只给你一种方案，也就是他认为最好且能马上实施的一套。由此可知，在聪明才智方面，现实主义者也许比不上前者，但他却能为自己制订一个目标并能立刻付诸行动。

无论是对待工作、事业，还是对待自己、他人，我们都不妨做一个适度的妥协主义者。对于每个人来讲，不完美本身就是客观存在的，无需怨天尤人，在羡慕别人的同时，不妨想想，怎样才能走出误区。或用善良美化，或用知识充实，或用自己一技之长发展自己……生命的可贵

做人做到位的9大绝学

ZUORENZUODAOWEI DE9DAJUEXUE

之处在于，看到自己的不足之处，能坦然面对。

世界并不完美，人生当有不足。留些遗憾，可以使人清醒，催人奋进，有句话叫没有皱纹的祖母最可怕，没有遗憾的过去无法链接人生。

行动方略

完美主义性格的形成和早期教育有很大关系，但成年后还是可以有意识地调整的，不要等到一切都完美以后，才动手去做。如果坚持要做到十全十美，你就只能永远等待下去。学会宽容自己和他人，不必追求绝对完美，睁一只眼闭一只眼，这样才能看到生活中美好的东西。

5. 让一切明如镜

做人箴言

　　猜疑是人际关系的腐蚀剂，它可以使所有幸福的东西毁于一旦。爱情会因为猜疑而产生隔阂，合作因猜疑而分道扬镳，事业因猜疑而分崩离析。

　　罗贯中的《三国演义》中有这样一段描写：曹操刺杀董卓败露后，与陈宫一起逃至吕伯奢家。曹吕两家是世交。吕伯奢一见曹操到来，本想杀一头猪款待他，可是曹操听到磨刀之声，又听说要"缚而杀"，便大起疑心，以为要杀自己，于是不问青红皂白，拔剑误杀无辜。

　　看到这个故事，你也许已然对猜疑所造成的危害有所了解了吧。生活中，猜疑之心也总是与我们如影相随。

　　如果你不能确定自己是不是曾经猜疑过别人，那么以下几个问题可以帮你验证一下：

　　一群朋友在一起交谈，当你走近时他们便打住了话题，这时，你是否怀疑他们在背后说你的坏话呢？

　　你告诉朋友一个秘密后，是否会不停地想他会不会讲给别人听？

　　老师在课堂上说了班上发生的不好现象，你怀疑过他也许是在说你

吗？

一位同学近来对你的态度很冷淡，你可曾怀疑过他有可能对你有了看法？

别人脱口而出的一句话，你是否会琢磨半天，努力挖掘其中的"潜台词"？

如果你有这些情况，那么可以说你不仅曾经猜疑过别人，而且你的猜疑心还很严重呢。

导致猜疑的原因主要与人的一些特点有关：

（1）思路封闭。猜疑一般总是从某一假想目标开始，最后又回到假想目标，就像一个圆圈一样，越画越粗，越画越圆。最典型的例子就是"疑人偷斧"的寓言了：一个人丢失了斧头，怀疑是邻居的儿子偷的。从这个假想目标出发，他观察邻居儿子的言谈举止、神色仪态，无一不是偷斧的样子，思索的结果进一步巩固和强化了原先的假想目标，他断定贼非邻子莫属了。可是，不久后在山谷里找到了斧头，再看那个邻居的儿子，竟然一点也不像偷斧者。现实生活中猜疑心理的产生和发展，几乎都与这种封闭性思路主宰了正常思维密切相关。

（2）自信心不足。有些人在其方面自认为不如别人，但自尊心过强，因而总认为别人会议论自己、算计自己、看不起自己。越想越认为事实如此，因此陷入猜疑的怪圈而无力自拔。

（3）有过挫折失败的打击。有些人曾经比较相信别人，并视为知己，把自己的许多秘密都和盘托出。但却遭到欺骗，从而蒙受了巨大的挫折和失望，结果万念俱灰，不再相信任何人，以致遇到什么事情都心存怀疑。

猜疑就好似一条无形的绳索，会捆绑我们的思路，使我们远离朋友。如果猜疑心过重，就会因一些可能根本不存在或不可能发生的事而忧愁烦恼、郁郁寡欢。

猜疑的人通常过于敏感。敏感并不一定是缺点，对事物敏感的人往往很有灵气，有创造力，但如果过于敏感，就需要加以控制了。

1. 理性思考，不要无端猜疑。产生怀疑时，不要无端猜测，应问自己：为什么要这样想？理由何在？

2. 寻找自己的优点，提高自信心。没有十全十美的人，不要因为缺点而灰心丧气。

3. 做个阿Q又何妨。"走自己的路，让别人说去吧。"告诉我们要善于调节自己的心情，不要在意他人的议论，照自己的意愿去做就好。

4. 加强交流，解除疑惑。猜疑来自于误会。多与人交流、沟通，不仅可以互相了解，而且还会避免因误解而产生的冲突。

6. 逃离嫉妒的魔掌

做人箴言

　　您要留心嫉妒啊，那是一个绿眼的妖魔！谁做了它的牺牲品，谁就要受它的玩弄。

——莎士比亚

从前有两个年轻人，为了学功夫，一起去向一个武艺高强的师父学习。师父对他们一视同仁，照顾有佳，悉心教导。两个年轻人拳脚对打，总是不分上下。两个徒弟也不辜负师父的期望，认真苦练，都对师父非常尊敬。

　　渐渐地，师父年纪大了，患了风湿病，必须有人常常帮他按摩，才能血气通顺。于是，两个徒弟每人负责一只脚的按摩。两个人也都很细心认真。可是，日子久了，就显出各人的成绩不同。成绩较差的师弟嫉妒师兄，成绩较好的师兄也因骄傲而轻视师弟，两个人暗地里斗来斗去。

　　由于两个人不能好好地相处，甚至说话也会互相对骂，进而相互憎恨。

　　有一天，师兄回家探望亲人时，师弟乘机把师兄负责按摩的那只脚

折断了，为的就是报复师兄的骄傲。师兄回来了，看见他负责按摩的师父的左脚，竟然被师弟折断了，他非常生气地说："岂有此理！自己做得不好，不知道反省，反而破坏人家的成绩。"一气之下，师兄竟将师父的右脚也折断了，以报复师弟的嫉妒。无辜可怜的老师父自此成了残废。

而这一切后果皆因嫉妒所致。

嫉妒是人类对美、对富足、对高贵、对一切自己缺少的东西表示羡慕的极端行为。只要有令人羡慕的荣耀，诸如地位、金钱、名声等存在，就有嫉妒存在。嫉妒袒露了一个人的缺陷，嫉妒心看似是一个人对另一个人的不满，其实，那是嫉妒者对自己不满，却又害怕正视。

嫉妒是人类最低级、最原始的一种心理本能。历史更迭，时事变迁，从古到今，这一心理特点却从未有过任何的改变。这也许源于心胸狭窄和过分自尊，而心胸狭窄则是由于一个人的社会圈子相对狭小，视野不够广阔。

在日常生活中，嫉妒的存在是很普遍的。英国科学家培根就曾经指出："在人类的情欲中，嫉妒之情恐怕是最顽强、最持久的了。"

善嫉的人主要表现在以下几方面：

其一，聚焦于别人。

善嫉妒的人总是对他人恶意攻击甚至诋毁，不是因为被攻击和被诋毁者触犯了谁，而是攻击和诋毁者从对方身上看到了自己的不足，并为此而心生不满，他们摆脱这一状况的惟一办法就是立刻发起攻势，他们想通过攻击别人来调解和平衡自己的失衡状态。

其二，嫉妒别人的优秀。

即使两个人非常要好，但若其中一个在各方面都很优秀，那么另一个多少都会心存嫉妒的。优秀的人却很少嫉妒，因为其超然于世的成绩就足够令他知足。优秀的人最苦恼的就是围在身边挥之不去的闲言碎语。他们的一言一行几乎都会受到众人的非议，比如，他不理别人，别人会说他故作清高；他朋友多了，别人又会说他交的都是狐朋狗友。这种嫉妒其实来自评论者的自卑心理。这恰如台湾作家柏杨先生说过的一句话：天下只有麻子嫉妒花容月貌，还没有听说花容月貌嫉妒麻子的。

其三，贫穷使人心生嫉妒。

有的人最怕展露自己的贫穷，别人的任何拥有都能刺伤他。嫉妒使贫穷者无意中泄露了其竭力掩藏的家私，或精神贫弱，或情感匮乏，或欲望超载，或贪心过重。

精神的贫弱使嫉妒者从根本上变得贫穷，无论拥有什么都无法满足。

一个嫉妒者最常有的想法便是：自己办不到的事最好别人也无能为力，自己得不到的东西最好别人也无法拥有。

看到这些，也许让人觉得可怕。我们每个人出入社会，嫉妒之心是很难避免的，这就需要我们及时地调整好自己的心态，切莫让它把你变得丑陋不堪。

嫉妒不仅对人的心理影响极重，它也同样会危及人的身体健康。

心理学家观察研究证明，嫉妒心强烈的人易患心脏病，死亡率也高；而嫉妒心较轻的人群，心脏病的发病率和死亡率均明显低于其他人，只有前者的 $1/3\sim1/2$。此外，如头痛、胃痛、高血压等，易发生于嫉妒心强的人身上，并且药物的治疗效果也较差。

现代身心医学研究揭示，脑和人体免疫系统有密切联系，嫉妒可使大脑皮层功能紊乱，引起人体免疫系统的胸腺、脾、淋巴腺和骨髓的功能下降，造成人体内免疫细胞和免疫球蛋白生成减少，使机体抗感染的抵抗力下降。由此可见，嫉妒不仅使精神受到折磨，对身体也是一种摧残。

嫉妒不仅危害自己，对于一个集体来说，它还是团结合作的蛀虫。

嫉妒具有极大的分化力量，它会使集体四分五裂，犹如一盘散沙。比如一个班级如果有几个嫉妒心强的同学，就会矛盾层出，摩擦不断。可以毫不夸张地说，嫉妒就像一条潜藏在心灵深处的毒蛇，它不仅分泌毒汁腐蚀自己的心灵，而且还不时地钻出来伤害别人。所以，嫉妒心强的人，很难结交到知心朋友。因为他们事事好胜，常想方设法阻止别人的发展，总想压倒别人。这可能使同学、同事、朋友都想躲开他，不愿与他交往，从而给自己造成一个不良的人际关系氛围。因此，嫉妒总是受到人们的唾弃与责备。

染上嫉妒的人一定要努力克服这一性格上的弱点，"天外有天，人外有人"，"强中自有强中手"，这是一个恒久不变的客观规律。

但是，生活是复杂的，或许你可以做到不去嫉妒别人，但却总是难以避免别人嫉妒你，比如你漂亮、工作优秀、家庭经济状况良好等等因素都有可能遭人嫉妒，遇到此种情况，你该如何应对呢？

下面让职业心理咨询师为你支几招：

（1）平衡彼心

如果工作中你表现得出类拔萃，那么你必会受到很多同事的嫉妒，尤其是那些年长的、资历比你深的人。

此时，你一定要先沉住气，理解他们失意的心情，千万不要以为他们的情绪反弹是专门冲着你来的，冷静地想一想对方的长处，之后，在与他们的交往中虚心向他们请教，让他们觉得你有远不如他们的地方，以此唤起嫉妒者心理的平衡，反而对你会生出好感或同情。

（2）让出名利

过于计较自己的权益，时间长了难免会惹同事们反感，无法得到大家的尊重，而且会间接或直接地伤害到同事，最终你会被孤立。而你努力争取来的东西也未必就能带给你很大的好处，可谓是得不偿失。如果对那些细小的、不影响前程的好处，多一些谦让，比如与他人共同分享一笔奖金或是一项殊荣等等，这种豁达的处世态度无疑会赢得人们的好感，也会增添你的人格魅力，会带来更多的"回报"。

行动方略

嫉妒是一种心理疾病，它不但会腐蚀你的灵魂，还会损害你的健康，因此，应尽早医治。

1. 转移注意力，给自己一个不嫉妒的理由。

积极参与各种有益的活动，努力学习，勤奋工作，使自己真正充实起来，嫉妒的毒素就不会孳生、蔓延。为了缓解失败带来的心理上的不平衡感，找一些理由，使自己不再嫉妒别人。

2. 发现自己的长处，化嫉妒为动力。

一个人在嫉妒别人时，总是注意到别人的优点，却不能注意自己的优点。其实任何人都有优点，当别人在某些方面超过我们时，有意识地想一想自己的长处，找回心理失衡的平衡状态。

总之，嫉妒并不可怕，关键要看能不能正视。不妨借此奋发努力，升华嫉妒之情，把嫉妒化为成功的动力，化消极为积极，超过别人！

第七章　职场做人，力求优秀

1. 毛遂自荐闯职场

做人箴言

毛遂自荐虽有被拒绝的风险，但是，比起跟一堆人送履历、排队等面试要好得多。心理学家分析一个人的吸引力，主要的决定因素有三个 S：第一，*Smile*（笑容）；第二，*Shakehands*（握手）；第三，*Sign*（签名）。毛遂自荐，没有太多人跟你竞争，你有比较多的时间跟对方交流、微笑、握手、找他签名博取感情，这样就大大地增加了你的机会。

公元前 260 年，秦将白起大破赵军于长平，两年后，秦兵又进兵围困赵都邯郸。大兵压境，十万火急。赵公子平原君奉命去与楚国订立联合抗秦的盟约。平原君欲从门下三千食客中挑选 20 名智勇双全的随从，但只挑了 19 名，就再也找不到第二十名了。这时，其貌不扬默默无闻的毛遂挺身而出，向平原君推荐自己。平原君认为毛遂投奔自己已经三年了，还没能像放在袋里的锥子那样，

显现出丝毫的锋芒，充其量只是个攀附自己混吃混喝的庸才。毛遂也用这个比喻反驳平原君，说明自己没有像锥子那样锋芒毕露，是因为自己没有机会被放在袋子里，并非自己没有才干。最后平原君勉强同意毛遂随行。到了楚国，平原君费尽口舌想说服楚孝烈王熊完合纵抗秦，熊完怕引火烧身，只图自保。毛遂挺身上前，义正辞严地道明楚赵合纵抗秦，对双方都有好处，一举说服了熊完，歃血为盟。

自此，毛遂凭借他"以三寸之舌，强于百万之师"的能力，成名立业，名垂青史。而他靠的就是自我推荐。所以，要想让别人注意你，知道你的存在，了解你的能力，最好的办法就是让自己成为另一个"毛遂"。

之所以要让自己成为一个"毛遂自荐"式的人，是因为现代的社会竞争太激烈，"待价而沽"或等人来"三顾茅庐"的时代已经过去，如果不主动出击，而等别人注意你，知道你的存在，了解你的能力，那么你就只能"坐以待毙"。

但是，做到毛遂自荐须具备两个条件——勇气和才干。

当时赵国正处于生死存亡之时，平原君门下平素夸夸其谈的三千食客噤若寒蝉，束手无策。毛遂挺身而出，据理力争，最终说服了平原君，得以"处囊中"而"脱颖而出"。自荐的勇气，是毛遂成功的第一步，如果没有自荐的勇气，就没有后来的"从遂定"。然而，单有自荐的勇气还不够，具有真才实学才真正是毛遂最终立功的决定因素。不然，纵使毛遂有浑身赤胆、万丈雄心，也于事无补。

勇气和才干是成就自荐必不可少的因素。有了自荐的勇气而无真才实学，只能是对着镜子作揖——自恭自维。这种人狂妄自大，目空一切，勇气有余，成事不足，与毛遂同时代的赵括就是一个鲜明的例子。

赵括自恃是将门虎子，幼读兵书千卷，胸有雄兵百万，在秦将白起率兵来犯时，挺身而出临危受命，真可谓是"勇气可嘉"。然而长平一战，只善于纸上谈兵而毫无实战经验的赵括被打得一败涂地，致使四十万赵国精兵束手就擒，身丧尸坑饮恨黄泉，赵括本人也难逃厄运身死敌手。

同样的道理，单有成事的才干而无挺身而出的勇气，也使得许多有才干却无勇气的人枉自哀叹。他们空有经天纬地之才却消极于世，一心盼望哪位伯乐从天而降，点石成金。

对于真正有才干的人来说，"要想成功，必须自己创造机会，表现自我，绝不能愚蠢地坐在路边，等待有人路过，邀请你同骑到成功之顶"。

俗话说：金无足赤，人无完人。当你向别人推荐自己时，如果把自己说得过于完美，你将得不到别人的信任。反之，如果你能做到坦率而诚实地面对自己的弱点，反倒会让人觉得你真诚可信。现实中就有这样一个例子。

一位大学刚刚毕业的学生在向用人单位负责人介绍自己的情况时说："由于我平时喜欢打球，所以我的成绩并不怎么好……"结果，有些成绩比他好的学生未被录用，而他却被录用了。当然他可能具有其他一些用人单位感兴趣的长处，但是他的坦诚却是令人欣赏的。有的学生在介绍自己的成绩时总是强调自己的成绩"非常优秀"，至少要说是"全部及格"，面对自己的不足更是讳莫如深。而他却能坦率地承认自己的成绩"并不太好"，这就给人留下了真诚、可信的印象。

当然，在某些情况下，当我们向对方介绍完自己后，对方却并不一定会接受。这需要我们运用智慧来让别人在不知不觉中认识我

们、接纳我们。

英国著名作家毛姆，年轻时默默无闻，苦于自己的书无人问津。要知道，一位作者要让读者接受自己，必须通过自己的著作。如果他向人介绍他的作品是如何之好，我想是没有几个人会信服他而购买他的书的。于是毛姆别出心裁地在报纸上登了这样一则广告："某年轻百万富翁，性情温和，爱好体育、音乐，希望能与毛姆最新作品中女主角性格相同之女士为友，而后论婚嫁……"

几天以后，毛姆的著作大为畅销，竟使毛姆跻身于著名作家之列。

一则小小的广告能带来如此神奇的效果，这不能不说是毛姆自我推销技巧的高明。他巧妙地利用了人们的好奇心理，让人们对他的作品产生兴趣，从而也将自己"推销"给了读者。

有了工作也不可就此满足，而是应该继续发挥毛遂自荐的精神，推荐自己去做某件重要工作或担任某项重要职务。这样，你的事业才会进步，才会成功。

行动方略

有人预言，21世纪是一个自我推荐的世纪。处在这样的年代，勇敢而又艺术地推荐自己，是一个人功成名就的必要条件。假如你想成为自我推荐的成功者，起码要恪守以下要诀：

1. 未雨绸缪，主动出击。

2. 给自己以足够的自信心。

3. 要有自己的特色。

4. 善于面对面。

5. 要有灵活的指向。

做人做到位的9大绝学

ZUORENZUODAOWEI DE9DAJUEXUE

美国咨询专家奥尼尔说："如果你有修理飞机引擎的技术，你可以把它变成修理小汽车或大卡车的技术。"

6. 提醒自己要注意控制情绪。

美国心理学家尤利斯提出了三条有趣的忠告："低声、慢语、挺胸。"

2. 事业的根基是小事

做人箴言

合抱之木，生于毫末；九层之台，起于累土；千里之行，始于足下。

——老子

从前有一位富人，很羡慕别人家的三层楼房，觉得第三层又大又漂亮。于是，他找来工匠给他盖第三层楼房，过了几天，他发现工人们正在盖地基，他火冒三丈："我要的是第三层，而不是地基！"工人们哭笑不得："若是没有地基，就不会有漂亮的楼房。"富人真是愚蠢至极，若没有打好基础，又怎么能够盖出大的楼房呢？

生活更是如此，古人云："一屋不扫，何以扫天下！"一个人若想成为一个成功者，就必须让自己先成为一个能做小事的人。但是现在许多人对于"先做小事，先赚小钱"这句话不屑一顾，因为谁不是雄心万丈，一踏入社会就想成为一个"做大事，赚大钱"的成功者呢。

当然，能立下"做大事，赚大钱"的志向本没有任何可指责的地方，因为高远的志向可以激励一个人不断奋进。然而现实中，很少有人从一开始就能做大事，除非他有极其优越的家庭背景、极为过人的才智以及非常好的机运。事实却是，许多著名的企业家都是从小店员做起，许多政治家是从小职员做起，许多将军更是从小士兵中一级级升上去的。只有扎扎实实地从小事情做起，才能希望有朝一日成为一个成功者。这样从事的事业才会有坚实的基础。如果仅凭投机而暴富，那么你的事业建得快，塌得也更快。

我们的印象中，擦鞋绝对是一个难登大雅之堂的职业，如果有人终生以此为业，那他一定不会有出息。但是，一个名叫源太郎的日本人，却彻底地颠覆了这一观念。

多年前，身为化工厂工人的源太郎失业了。无奈他只好先以擦鞋为生，他尽职尽责，只要听说哪里有好的擦鞋匠，就千万百计地去请教，虚心学习。

日子一天天过去了，源太郎的技艺越来越精。鞋油也开始自行调制。那些早已失去光泽的旧皮鞋，经他匠心独运的一番擦拭，无不焕然一新，光可鉴人，而且光泽持久，可保持一周以上。更绝的是，凭着高深的职业素养，源太郎与人擦肩而过时，便能知道对方穿何种鞋；从鞋的磨损部位和程度，他可以说出这人的健康和生活习惯。他的精湛技艺，打动了东京一家名叫"凯比特东急"的四星级饭店，他们将源太郎请到饭店，为其饭店的顾客擦鞋。

令人惊讶的是，自从源太郎来到"凯比特东急"饭店之后，许多演艺界的明星纷纷慕名而来，为的就是能享受一下该店擦鞋的"五星级服务"。

源太郎炉火纯青的技术、一丝不苟的精神和非同凡响的效果，为他赢得了众多顾客的青睐。在他简朴的工作室内，堆满了发往各地的速寄纸箱。如今的源太郎，早已成为"凯比特东急"的一块金字招牌。

金钱需要一分一厘地积攒，而人生经验也需要一点一滴地积累。万丈高楼平地起，不要认为为了一分钱与别人讨价还价是一件丢脸的事，也不要认为小商小贩没什么出息。世界上许多富翁都是从"小商小贩"做起的。

欧洲著名的银行家罗斯柴尔德由开旧工具店起步；英国最大的百货公司马克斯·斯宾最早只是一家寒碜的西装店；美国石油大亨哈默靠在酒精中添加药用生姜液制造姜汁啤酒发家，此后啤酒步入国际市场；日本浅野建筑的创始人浅野总一郎靠卖水起家，他现在就任东京证券交易所的董事长。如果这些成功者最初都不切实际地做大老板、大亨、董事长的梦，恐怕也将一事无成，徒想一场。他们之所以成为不平凡者，可贵之处就在于从平凡事做起，不因事小而不为，而是善于从小事做起，不懈进取，终成大业。当然从小事做起还要胸怀大志，不能小成即喜，小富即安，而要有做大事、创大业的气魄和壮志，否则，就会鼠目寸光，坐享其成，很难成就大业。

那么，"先做小事，赚小钱"会给你带来什么好处呢？

首先，这样的心态可以使你在低风险的情况下积累工作经验，同时也可借此了解自己的能力。如果连小事也做不好，小钱也赚不来，别人是不会相信你能成大事、赚大钱的。

另外，从小事做起，可以让你脚踏实地，也可以锻炼你的风险承受能力，克服对风险和挫败的恐惧心理。积累经验，循序渐进，就可以去面对更大的风险。最终你会发现，积少成多的结果，正在协助你一步一步地接近梦想。

做人做到位的9大绝学
ZUORENZUODAOWEI
DE9DAJUEXUE

行动方略

　　非洲有句俗语说："只有傻瓜才会同时用两只脚去测量水深。"同样，只有笨蛋才会在没有任何投资经验时就孤注一掷。高明的将领不会先让自己的主力部队暴露在不必要的危险之中。为了获取敌情，取得先机，先派出小型侦察部队深入战区，想法找出损失最小、获益最大的攻击策略。做大事时也是如此，对自己不熟悉的行业和事情，或在状况不明、没有把握的情况下，最忌倾巢而出。应从小处做起，利用小钱取得经验，熟悉情况后再加大投入，大干一场。

3. "冒险王"也狂

对于有着失去一切的可能性的事业，投注一生的积蓄，那就是有勇无谋。虽然没有经验，心生不安，但向藏有新的可能性的工作挑战，那才是有勇气的行为。

——卡耐基

春天到了，两颗种子躺在肥沃的土里，开始了对话。第一颗种子说："我要努力生长！我要向下扎根，我要出人头地，让茎叶随风摇摆，歌颂春天的到来……我要感受春晖照耀脸庞的温暖，还有晨露滴落花瓣的喜悦。"于是它努力向上伸长。

第二颗种子说："我没那么勇敢。我若向下扎根，也许会碰到硬石；我若用力往上钻，可能会伤到我脆弱的茎；我若长出幼芽，难保不会被蜗牛吃掉；我若开花结果，只怕小孩看见了会将我连根拔起。我还是等情况安全些再作打算吧。"

于是它继续瑟缩在土里。

几天后，一只母鸡在庭院里东啄西啄，这颗种子就这样进了母鸡的肚子。

故事虽然简单，却给了我们这样一个启示：生活中，我们每一个人都应力求让自己成为一个具有冒险精神的人。

我们在平凡的岁月中往往容易产生这样的感受：已在现有的岗位上工作了十年以上却依然没有任何成就感，另外，每天我们都觉得明天只是今天的重复。

那么，什么人能在事业上获得成就呢？回答很简单——具有冒险精神的人。

有这样一个故事，世界著名的饮料——可口可乐，就是由一个年轻店员——阿萨·坎德勒的冒险精神滋生而来的。

许多年以前，一位年迈的乡下医师驾车来到美国某个镇上。他拴好了马，便悄悄从药房的后门进入里面，开始与一位年轻的店员谈生意。在配方柜台的后面，这位老医师与那位年轻店员谈了一个多小时，然后走了出去，到他的马车上取出一只老式的大壶及一把木质的小板子（用来在壶里搅拌的），把它们放在药店后面。店员检查了大壶之后，便从自己的内衣袋中取出一卷钞票，递给医师，整整 500 美元，这是年轻店员的全部积蓄。

医师又递过一小卷纸，上面写的是一个秘密公式。这小纸卷上的公式和文字，现在看来价值应高达当时一个皇帝的赎金，那上面记载着烧开大壶里的液体的方法。可是当时的医师和店员，谁都不知道从壶里流出来的，将是令人难以相信的财富。

老医师很高兴他那一套物品卖了 500 美元，年轻店员则冒了很大的风险。他把毕生的储蓄都花在这一小卷纸和一只旧壶上了。

当年轻店员把一种新成分与秘密公式的配方混合以后，旧壶的缔造真正开始了，逐渐形成了一个庞大的帝国。他雇用了与陆军同样多的职员，影响波及世界各地。而这个帝国的所有人就是阿萨·

坎德勒。

　　当然，冒险精神并不等于莽撞，冒险带有明确的目的性。阿萨·坎德勒就清楚地知道自己在做什么，并且愿意承担责任。为了达到目标，他勇于承担各种潜在的风险。这种性格的人常常会问自己："我是否已做好准备，在充满危机与挑战的情况下承担责任？"

　　然而，每个人所能承受的风险都有一定的限度，超过限度，风险就变成了一种负担，会对你的心理造成伤害。过度风险带来的忧虑会影响生活的各个层面，包括工作、健康和家庭。

　　因此，当你准备进行冒险时，必须考虑到自己愿意和能够承担多少风险，这要根据个人的性格和条件来决定。

　　风险一定得冒，但合理的风险观念是：去冒值得冒的风险，然后设法降低风险。

　　你若有机会去美国拉斯维加斯或大西洋城等地的赌城，仔细观察装潢豪华的赌场，你将发现，赌场内看不到钟；室内灯火通明，而且你也看不到任何窗户。没有钟也没有窗户的目的，是希望赌徒分不清昼夜，能够尽兴玩乐，玩到忘了时间。因为赌徒玩得越久，赌场赢钱的概率就越大。赌博之所以必输，就在于他的期望值为负值。少数几次看不出来，但时间一长，期望值就逐渐地显现出来了，所以赌久了，必输无疑。因此赌博是不值得的冒险。

　　虽然冒险精神是必要的，但绝对不可以冲动。因为冒险精神与冲动看起来好像差不多，其实本质上是天差地别。财富绝对不会对懦弱的人微笑，同样地，对于有勇无谋的冲动派也没有什么兴趣。

行动方略

　　具有"冒险精神"的人对任何危险的事物都不会感到恐惧，即使偶尔有，他们最终也能战胜这种心理，重新投入奋斗。他们不会因为担心对肉体和生命的威胁放弃追求，而是接受挑战，充满信心地迎着危险和困难勇往直前。

4. 成为一个让上司赏识的人

做人箴言

皮鲁克斯说："一个人必须要精通与领导相处的策略，才能以最完善的方式通向成功之路。因为每个人都不是孤立的，都是处在一定的等级关系之中。"

工作中总是免不了要跟上司相处，上司也是各种各样的，有不苟言笑，要求十分严格的；有外表看来很正派，实际上却心术不正的；有不相信下属，甚至经常对下属造成误解的；有喜欢说一些中听但却不符合事实的话的等等。在与这些上司相处时，你该如何做才能得到上司的信任，成为一个受他重用，令他赏识的人呢？

首先，你必须认真工作，努力提高自己的办事效率，因为企业界本来就是一个竞争力很强、效率要求很高的世界，不管你怎样善良，工作态度多么认真，只要你工作拖拖拉拉，无法让自己工作效率提高，上司也不会欣赏你。而如果你已经让人觉得你是一个拖拖拉拉、不勤快的人，甚至是无精打采、没脾气和只会溜须的人，那你别再指望有翻身的机会了。如果你总是把上司委派的事做得妥妥当当，总是积极向上司要求做事，相信上司一定会敬佩你的。

其次，上司对部下各方面情况都有了解的愿望，比如某人的母亲生病住院、某人过生日等等。上司了解这些情况后适度表示关怀可增加员工的信任。值得注意的是，上司所需情报并非你对某人的恶意批评及其隐私，也不是打小报告。跟上司谈到同事，只应说其长处，如此方有助你与同事建立良好的关系，也让上司看到你并不是搬弄是非之人。

另外，对于上司的隐私一定要注意，上司通常会在别人都下班后独自留在办公室，他在面对工作时一样会感到心情压抑，对家庭生活也一样会有这样那样的矛盾问题。上司的情感有时也很脆弱，需要抚慰。但如果就此你毫不客气地探问其隐私，甚至为其出谋划策，那就大错特错了。即使上司最脆弱时，他也只需要适度的关心，一杯热茶足以让上司送给你一个淡淡的微笑。如果方便，你可以随意讲出一个十分可乐的笑话，解开他郁闷的心情，他会非常感激。真正关心上司，出发点应是爱戴而不是利用。

作为一名上司，肩上的担子比较重，工作也比较繁忙，他们迫切地想要走出这种困境，就会不断发掘可以帮助自己分担重任的员工，上司希望自己的下属能一点就通，能把该完成的工作都做好，那样他们就轻松多了。而一旦你知道上司对你抱有期望并真的能为他分担重任时，他一定会高兴地对你说："这副担子真的很重，如果你不行，别勉强，要小心别摔倒了，你真是我的得力助手。"如果你不相信，可以自己试试看。

上司永远是比你高一等级的，如果他又比你大，他就会把你当成小孩子，你当然会觉得他无法亲近，但一旦上司跟你年龄相近，又没结婚，你就会觉得他也不过是一个毛头小子，这种心态从你平时的行为就能感觉出来。所以，如果你有这种心态，上司就一定会感觉到，如果双

方没什么矛盾或争执还可以，一旦你们有什么不愉快，上司就一定会想："这个东西，竟敢对我如此无理，简直太过分了。"那后果可就严重了。因此，即使上司没结过婚而且年龄又不大，你也要尊重他，不能跟他太亲密、太随便，要保持一定距离，不然，上司就会以为你是一个鲁莽、有待成熟的人。

工作中，一定要多干事少巴结，尽管许多上司都喜欢下级讨好奉承，但他们更喜欢那种脚踏实地、埋头苦干的人。如果你能把上司安排的每一件事都办得妥妥帖帖，再说几句中听的话，比起那些只说不做的人来，上司一定会对你另眼相看。

记住，如果你总是迎着上司的目光，从不躲躲闪闪；坦率与之交换看法，不隐瞒、不夸大；从不议论其隐私，并尽己所能努力工作，争取成为其最佳的部下，那么，你的上司便没有什么道理不喜欢、不赏识你了。

行动方略

无论想达到哪种目的都需要首先令老板对你产生好感，"奉承"是很必要的策略。

巴结奉承一向被忠臣良将所不齿，很多职业规划机构在谈到这个问题时都明确指出：赢得老板的最好办法就是"完成你的本职工作，尽可能做得更多，尽可能做得更好"。

1. 主动接受一些尚未完成的工作任务，但是不要让它干扰你的正常工作。

2. 最大限度地展示主动性，遇到危机时，最好能既有决断，又能维护公司的整体利益。

3. 经常与老板交流，及时介绍自己的工作。

4. 努力从老板的角度考虑问题，了解他们的需求，找出解决问题的办法。

5. 管＋理＝成功

做人箴言

栽种思想，成就行为；栽种行为，成就习惯；栽种习惯，成就性格；栽种性格，成就命运。

有人说"做一个好的管理者难，做一个受人尊敬、爱戴的管理者更难，做一个完美的、有效的管理者难上加难"。其实，只要你找准了自己的定位，把握住了做人做事的原则，你会发现一切原来如此简单。

对于成功的管理者这一问题，李嘉诚先生这样认为："要做一个成功的管理者，态度与能力一样重要。想当好的管理者，首要任务是知道自我管理是一项重大责任。"在变化万千的世界中，发现自己是谁，了解自己要成什么模样，是建立尊严的基础。

他认为自我管理是一种静态管理，是培养理性力量的基本功，是人把知识和经验转变为能力的催化剂。

人生在不同的阶段中，要经常反思自问，我有什么心愿？我有宏伟的梦想，但我懂不懂得什么是节制的热情？我有拼战命运的决心，但我有没有面对恐惧的勇气？我有天赐良机，但有没有运用智慧的心思？我

191

自信能力天赋过人，但有没有面对顺流逆流时恰如其分处理的心力？你的答案可能因时因事地审时度势而有所不同，但思索是上天恩赐人类捍卫命运的盾牌。很多人总是把不当的自我管理与交厄运混为一谈，这是消极无奈和不负责任的人生态度。

我14岁还是穷小子时，我对自己的管理方法很简单：我必须赚取一家人勉强存活的费用，我也知道没有知识我改变不了命运。我知道自己现在没有本钱好高骛远，尽管当时我也想飞得很高，但我不期望像希腊神话中伊卡罗斯一样，凭借蜡做的翅膀翱翔而堕下。所以，我一方面紧守角色，虽然我当时只是小工，我坚持把每件交托给我的事做得妥当出色，另一方面绝不浪费时间，把省下来的一分一毫都购买实用的旧书籍。我知道要成功，怎能光靠运气！欠缺学问知识，运气来临时也抓不住。

首先要想成为一个成功的管理者，就要有如海一般宽广的胸襟。作为一个企业的领头人，你必然会碰到重重困难、层层压力，而你却必须要在这重重阻力下为企业寻找出路，想办法为企业的存活打下坚实的基础，而此时胸襟的作用就是决定你是否可以成为成功的管理者。如你不具备走一步望三步的长远眼光，那么你做人谋事将从何做起？商海是无限广大的，弄潮儿比比皆是，如果你不能放下对物欲的贪婪与疯狂，多点专注与执著，你就极有可能迷失方向，导致决策失误。

其次便是正直。关于这一点，李嘉诚先生举了这样一个例子："很多人认为赌场是一种娱乐事业，每年能挣很多钱。巴哈马政府鼓励发展旅游，我们在那里盖了三个酒店。总理跟我说，可以马上给我赌场的执照。但是，我要求他们将一个原则立即写在会议纪录里……我们自己绝对不能经营赌场。旁边的人说，这是总理给我们的。我说告诉总理，这个牌照我交回给他。我们盖的是酒店，租给的人要开赌场不关我的事，我只按市场价值拿我固定的租金。"

如此的为人处世方式正验证了他自己曾经说过的一句话："有的钱，

比如你掉在地上一毛钱，你不去捡就浪费了。但是有的钱，即使是以亿计算也不能赚。"

建立个人和企业的良好信誉，李嘉诚先生将它看做是资产负债表中无法显示却具有无限价值的资产。

在他的企业中，"正直"即是企业文化的基础，而他的经营理念则更为简单——正直赚钱是最好。

当然，一个成功的管理者还需要具备广博的知识。李嘉诚先生说："知识最大的作用是可以磨砺眼光，增加判断力，有人喜欢凭直觉行事，但直觉并不是科学的方向仪。时代不断进步，我们不但要紧跟转变，还要有国际视野，掌握和判断最快最准的最新资讯，靠创造比对手走快几步。不愿意改变的人只能等待运气，懂得掌握时机的人更能创造机会。幸运只会降临在那些有世界观、胆大心细、敢于接受挑战，但是又能够谨慎行事的人身上。"

为了证明知识对一个商人的重要性，李嘉诚先生还讲了他的一次切身体会："1999 年我决定把 Orange 出售，基于我看到当时欧洲市场的移动通信发生的一个大转变。话音服务增长速度虽快，但行业竞争加剧导致边际利润减低。数据传送服务的增长速度比语音业务要高。所以，我选择在现有通信技术价值最高的时候，把 Orange 卖出去，再把钱投入到更符合实际需求的新科技领域上，例如第三代移动电话。"

你有没有一统天下的雄心，也就是独霸一方的胆气度量？俗话说：一个篱笆三个桩，一个好汉三个帮。成功的管理者不是只靠个人的力量完成事业的，他的成功之处是将所有的员工当家人，让他们有以企业为家的思想。只有提升了企业的凝聚力，才能调动起大家强烈的事业心。你关心下属，下属才拥戴你，作为一个员工能受到如家人一般的关心，那种自豪感、光荣感、责任感就更强烈了，凝聚力在无形中大增，而你则离成功又近了一步。

做人做到位的9大绝学

管理者以什么方式获得成功？信任！

在我们的众多企业中，管理似乎就只剩下赤裸裸的监督。作为管理者，我们如何建立信任？这就要求我们要学会一些基本的做人的准则：要勇于为我们的下属承担责任；我们的成功就是下属的成功；不要说"我的成就"，而是要说"我们的成就"；要诚实；要言行一致，说话算数；最后，我们要学会不让别人利用我们的信任。

管理的道理通常就是这么简单。我们大部分人的问题是，忘记了使用我们与生俱来的 Common Sense（常人的判断力），而是听任复杂的管理理论，让我们无所适从。

6. 他人隐私不可探

做人箴言

　　隐私一般是指那些不愿告人的或不愿公开的个人私事，包括个人情感、日记秘密、个人特殊经历、婚姻状况、疾病、收入状况、人际关系、个人信仰以及投资状况等等。每一个人都有一些不宜公开的秘密，这是个人的权利，任何人都不应该去打听或窥视。

某女至今也不明白她为什么从办公室里人见人爱的"开心果"变成了人见人躲的"瘟神"。她人不错，业务也过得去，只是热情过分，咋咋呼呼，对什么都喜欢打破砂锅问到底。别人问她怎么会这样，她说可能是因为小时候看《十万个为什么》看的。但是这样的"科学精神"拿到实验室还行，拿到办公室就非常恐怖了。她见到任何一个同事，都会像婆婆审未来儿媳一样，从人家的前三代查起。而且她没有个人隐私的概念，常常打听别人难以开口的事情，如薪水、同事之间、同事和老板之间的关系，甚至连别人的夫妻感情也刨根问底，一惊一乍。开始，别人还认为是对自己的关心，也当成谈资笑料，但时间久了发现她对谁都一样，还把同事甲的事情拿去和同事乙作对比，大家都因此而

后悔不已，从此一见到她来了立即实行"坚壁清野"政策，躲不掉就顾左右而言他，比如天气、新闻什么的。她忽闪着那双大而无神的眼睛，很受伤。

不客气地说，此女就是我们生活中常言的"长舌妇"。这类人在心理学上被称之为干涉癖，指爱打听、传播和干预别人的隐私、秘密的坏习惯。

生活中，有些人总是以探听别人的隐私而洋洋自得，以传播别人的隐私而沾沾自喜。比如，从偷听别人私下谈话，偷看他人的日记，胡乱猜测人家不愿公开的事情，甚至私拆别人信件。

"长舌妇"心眼也许并不坏，但是他们口没遮拦，不一定有心，但是非多从口出，东家长李家短，逢人诉说，以此为乐。他们的这种干涉癖有时只是企图用一种错误的方法来获取他人的肯定、接纳、赞赏。然而，他们却不知道，这种行为习惯恰恰起到了相反的作用。他们如此直接而毫不避讳地干涉别人的私事，常常使得别人处于尴尬、害怕的境地，这样必然导致对方的仇视、不信任，不愿接近他、讨厌他甚至唾弃他。

下面就让我们来近距离地看看"长舌妇"们的百态——

（1）办公室里

典型语言：知道老王最近为啥总出差吗？上礼拜我看见他和一个年轻姑娘在一起。

钟声提醒：是非往往就是这么来的。对于花边绯闻过于热衷会损害自己的气质形象，让同事觉得你形象猥琐。应该懂得为他人保守秘密，远离丑闻。

何明半年前被跳槽后的新单位辞退，一直没有找到工作，原因在于他在即将跳槽的那段时间里，给自己的嘴巴彻底"松绑"，过足了"长舌妇"的瘾。何明在人力资源部工作，了解公司里众多的人事关系，以

做人做到位的9大绝学

ZUORENZUODAOWEI
DE9DAJUEXUE

及非常敏感的薪资，平时他尽量管住自己的嘴。可年终找好下家后，他开始向同僚们抱怨某某上司的不好，或者无意地说出上次的年终奖谁高谁低，给上司惹下了不少麻烦。但是他没想到，新单位在半年后便辞退了他，理由是这件事情经过原来的同事、上司的口，渐渐在业内传开了，导致他在求职中不断碰壁。

所以，在办公室里，如果你聪明，就千万不要与别人交头接耳议论纷纷，这可能是掀起大风波的起源。所谓祸从口出是被印证过千万遍的真理。

（2）辣味长舌

喜欢聚集在一起交头接耳说长论短的人，通常在开始的时候都是不经意地随口说说，但是，在你来我往的言语中，整件事便开始在传述的过程中如同被发酵一般愈来愈膨胀，最后演变到不可收拾的局面。更为可怕的是，如果你是一个嫉妒心极强的人，那么从你嘴里说出来的话更是足够让别人为你窒息。

（3）与长舌相处的尺度

与"长舌妇"们交往，一定要避免涉及人身攻击，尤其千万别在他们的面前发牢骚。不论你所抱怨的对象与他有没有关系，你所说的话早晚会传到对方的耳朵里，而且已经是被传得走了样的话，这可能是你在不经意地发牢骚时没有想到的后果。

大家在同一个小天地里工作，最重要的是和谐融洽，相互尊重个人的隐私，最好不要谈及正常工作以外的各种事情，更不要编造一些流言绯语，以免影响同事之间的感情。同时，交流要注意方式和方法，要有分寸地与人沟通。切记切记，嘴要紧，心要宽，做一个清清爽爽的办公好手，这样才不会在权力竞争中提前出局。

在与人接触交往中，或者跟自己的亲朋好友接触交往中，都要竭力避免背后议论人。不负责任的议论，不仅失去了交往的目的，而且会伤害同志亲友间融洽的感情。特别是大庭广众之下，尽可能避免说别人的短处。有时言者无意，听者有心，以免挫伤他人自尊心。在办公室里更不能做"长舌妇"，不能对他人的缺点或隐私四处散播，也不能添油加醋地在别人后面说三道四，影响同事间的友好与团结，影响整个公司的工作情绪和积极性。就算是自己性子直，喜欢和同事交心说实话，但是有些小事一传十、十传百，到最后被传出去的或许根本不是你的初衷，这样就会毁坏你在同事中的形象，进一步影响到你与同事之间的友谊。

7. 自我挖潜

做人箴言

　　许多时候，父母、老师及其他长者，会为了我们将来有安定的生活，而替我们选择一条安稳有保障的路。可是当他们这样做的时候，往往忽略了我们的潜能，造成很大的浪费。

　　因此，当我们生活得不如意，觉得未能发挥潜能时，不妨问问自己："父母为我们所设计的自我形象是否适合自己？"如果不是，那就表示你的生活方式未能将你的潜能挖掘出来，你需要改变。

　　人的潜能到底有多大？这个问题恐怕是谁也无法回答的。按照科学家的说法，人的一生只能月去其脑力的 1％，也就是说，每个人都有 99％的潜能有待挖掘。

　　人们不知道自己的潜能是因为人都有惰性而被埋没，如果可以依赖，如果可以不动脑筋，那么就没有人愿意刻意地发挥出自己的潜能。我们总是习惯于等待伯乐来发现我们的能力，进而提拔我们。但在现代社会，若想取得事业上的成功，被动地靠别人来发现，不如主动进攻，充分挖掘自己的潜力，靠实力取得成就。所以我们应该在日常生活中学

着逼迫自己，对自己要求得更高一些，去做那些你认为自己做不来的事，你会发现，很多能力都是要靠自己深挖掘才能表现出来的。优秀的人就懂得如何充分挖掘自己的潜能。

拜耳是德国著名的科学家，曾获得诺贝尔化学奖。他从小勤奋好学，大学时期是学习物理和数学的。毕业后，他觉得自己才21岁，还有潜力多学习一些科学知识，于是又开始攻读化学。由于已有了坚实的物理知识，学习化学进步很快，第二年（即1857年）他就发表了对甲基氯的研究论文，初步显示出他对化学研究的潜能。

1872年，他在斯特拉斯大学任教授时，在从事教学工作的同时，充分发挥自己的潜能，开始研究酞染料。凭着自己的勤奋和悟性，他很快就成为染料史上确定靛青性质和结构成分的第一位化学家。三年后，他进一步运用自己的学识和研究成果，研究出靛蓝的全部成分，并建立了著名的拜耳碳环种族理论。在他60岁那年，他把自己多年来的研究成果编辑成书——《拜耳科学成就》。

生活中，像拜耳那样获得科学成就的人颇多，如多面手贝拉斯科、科学家总统卡齐尔、商学兼优的瓦尔堡家族等等。他们身上的共同点就是善于自我挖潜，从而获得一个又一个胜利，取得事业的成功。

拿破仑有句名言："世上没有废物，只是放错了地方。"其实，人人都存在着"潜能"和"经验"，每个人都有其可发挥作用之处。许多人往往认为自己没有"经验"和"潜能"，没有成功的本领，这明显是对自己的能力缺乏自信。他们不懂得"经验"有直接经验和间接经验两种。直接经验是自己的实践总结，间接经验是别人的经验。有了经验可以少走弯路，事半功倍。因此，善于自我挖潜的人，懂得不断总结自己的经验，学习别人的经验，减少失误，提高工作效率。有经验的人，也懂得怎么去挖掘自己的潜在力量，不至于漫无方向，束手无策。

但是，大部分人往往习惯于小觑自己的能力，自己限制自身的发展，有了小小的成就以为已经到达巅峰，不肯再冒险，不再向上爬，结果，白白浪费了自己的潜能，错过无数向前推进的机会。

网上登载过这样一个故事。

一个名叫杜彬的小伙子，长得一表人才，是一小康家庭的独子。他自幼便表现出过人的智商，考试成绩总是名列前茅，观察力极强，处理自己的生活更是井井有条。

杜彬读高中时，有位老师对他说："以你的成绩及天分，你大可以转到任何一座名校就读，将来你考进全国最高学府的机会就更大。"杜彬听了，马上摇头说："名校不是我这种庸才读得上的。"一番好意的老师不禁为之惋惜。

参加美国大学的入学考试时，杜彬的成绩好得他自己也不敢相信。他原本有资格申请就读麻省理工学院，可是他却选择了一座三流的学校。他还是相信名校不是他"这种人"可以读的。

大学毕业后，他的同学都进了大公司工作，因为他们希望有较大的发展。可是，杜彬却选了一家小规模公司，他的理由是："人少的公司学习的机会多些，竞争也没有那么大。

可是世事却似乎与杜彬作对，他服务的那家小公司因为业绩不断地进步，进行了一连串的扩张，而在水涨船高的原理之下，杜彬的职位也愈升愈高。

每一次升级，杜彬的情绪总要低落一阵子，他总是说："这次必死无疑，我哪里有能力担任这个职位呢？这简直是要了我的命！

由于杜彬对自己的潜能毫无认识，因此他对自己的能力一点信心也没有。他变得愈来愈紧张，而随着这种情绪而来的是他的工作表现显著退步，他犯错的次数也日益增加，他不能处理分内的工作，最后终于精神崩溃了。

杜彬是个不了解和不接受自己潜能的特殊例子。现实生活中也有很

多对自己潜能不充分了解而因此自限的人。只有不断发掘、了解、利用自己的潜能，才能将自己的成就推上一个又一个高峰。

孙中山先生说过，"人不是生而知之，教而后知"。也就是说人的经验和知识不是天生的，而是后天学习的。如果一个人因生活或工作经验不足、知识不够而导致事业的失败，这并不可怕。聪明的人总是在吸取教训后，又满怀信心地上路。而平庸的人之所以平庸，其实并不在于他是否聪明，而在于他从不相信自己也同样具有超凡的潜能。而这种潜能就是从他的后天经验中得来的。他们每天之所以庸庸碌碌，就是因为他们让积淀的所有经验散落于眼前，而从来不闻不问。

许多商界的巨子，正是由于不断地努力充实收集自己的工作经验和知识，而最终一步步攀登到最高的位置，走上发迹致富之路。犹太人比奇特尔，从德国移民到美国时，两袖清风，既没有资本，又没有专业知识。为了生活，他从事一些家庭维修业，如厕所、水喉、窗户的维修等。他没有经验，悄悄到一些工地观察别人是怎么安装和建设这些工程的。他自己也找了有关的书籍学习这方面的知识，把自己的精力和潜能全部挖掘出来。经过几十年的奋斗，比奇特尔公司发展成为世界级的建筑工程集团，年收入超百亿美元。

一个有头脑的人应该清楚，投资于充实本身的经验和知识，绝不会是种浪费。他们明白，工作经验和知识的充实，可以把自己的潜能充分地带动出来，而这将成为事业成功的财富。

总之，一个人最宝贵的财富就是你还不知道的潜能，努力通过工作与生活上的经验和知识去挖掘它吧，因为它是引导你走上成功的康庄大道，是打开财富之库的金钥匙。

行动方略

潜能是走向成功的坚强后盾，只有不断挖掘，才能冲向成功之巅。

问问自己：我有什么特别的地方？我的长处在哪？我有什么嗜好？我有什么与生俱来的才能？找到兴趣所在，充分发挥自己的潜能。

"旁观者清，当局者迷。"听取别人的善意提醒，充分挖掘自己未曾意识到的潜能所在。

第八章　与友共舞，真心无限

1. 做个君子去交友

梅里美说："朋友好比甜瓜，要找到好吃的，先要吃一百个。"

《庄子·山木》说："君子之交淡如水，小人之交甘若醴。君子淡以亲，小人甘以绝。"

"醴"就是酒，"醴"虽然醇浓香美，但以酒肉相聚，以利相交，以利为条件，不过是酒肉朋友而已。"醴肥辛甘非真味"，结果是"金满箱，银满箱，转眼乞丐皆谤"，不仅"甘以绝"，而且反目成仇，无友谊可言。

而君子的淡则不同，君子间的"淡交"是"淡中知其味、常里识英奇"，反而能够"淡以亲"。所谓"人亲喝口水也甜"。

曾有这样一个小故事。

相传唐贞观年间，薛仁贵尚未得志之前，与妻子住在一个破窑洞中，衣食无着落，全靠王茂生夫妇经常接济。

后来，薛仁贵参军，在跟随唐太宗李世民御驾东征时，因薛仁贵平辽有功，被封为"平辽王"。一登龙门，身价百倍，前来王府送礼祝贺的文武大臣络绎不绝，都被薛仁贵婉言谢绝了。他惟一收下的是普通老百姓王茂生送来的"美酒两坛"。打开酒坛，负责启封的执事官吓得面如土色，因为坛中装的不是美酒而是清水！"启禀王爷，此人如此大胆戏弄王爷，请王爷重重惩罚他！"岂料薛仁贵不但没有生气，而且命令执事官取来大碗，当众饮下三大碗王茂生送来的清水。

在场的文武百官不解其意，薛仁贵喝完三大碗清水之后说："我过去落难时，全靠王兄夫妇经常资助，没有他们就没有我今天的荣华富贵。如今我美酒不沾，厚礼不收，却偏偏要收下王兄送来的清水，因为我知道王兄贫寒，送清水也是王兄的一番美意，这就叫君子之交淡如水。"

此后，薛仁贵与王茂生一家关系甚密。"君子之交淡如水"的佳话也就流传了下来。

所以，正人君子交朋友要以志同道合为基础，而不要维系在酒肉关系之上。

何谓君子？何谓小人呢？

一般而言，君子有成人之美，而小人却助人为恶；君子坦荡荡，无所不可告人，小人长戚戚，凡事不愿与人知。

《佛光菜根谭》说："君子从不伤害别人，小人从不谴责自己。小人以己之过为人之过，每怨天而尤人；君子以人之过为己之过，每反躬而责己。迁善则其德日新，是称君子；饰过则其恶弥着，斯谓小人。小人固当远，然亦不可显为仇敌；君子固当亲，然亦不可曲为附合。"

君子，大都光明正大，小人，大都偷鸡摸狗；君子待人诚而有信，小人与人交往时常常伪而不真。做君子或做小人，全在于每一个人的心性与愿望。

君子交友与之同甘共苦，荣辱与共，危难之时雪中送炭；而小人却只会吹捧逢迎，势利伪装，在朋友困难之时，甚至会落井下石。所以，亲君子，远小人。

君子与人交往，礼貌与尊重是其为人之原则，不要说是初次相识，即便是很好的朋友，也不会乱开玩笑，他懂得尊重别人就是尊重自己的道理。君子也从不会出口伤人，他的原则是，与人相交，不管对方喜欢自己与否他都会尊重他，礼貌待之。

君子交友从不力求，一切随缘而定，他不需要对谁谄媚，不需要刻意去迎合谁。对于知己，懂得珍惜，懂得欣赏朋友的个性，懂得包容，懂得呵护朋友的自尊和自信。而对于那些不喜欢他、不接受他的人，也送上祝福，以一颗平静的心包容全世界。

行动方略

如何与人交往是一门学问，每个人都应该悉心自省：

1. 了解别人是群我之道。与人交往，最重要的是"了解"。所谓"知己知彼"，就是相互知心、相互了解。

2. 宽容别人是和睦之道。当别人有不合己意时，要包容他；当别人与自己有意见冲突时，要宽容他。所谓"有容乃大"，这也是人际之间的和睦之道。

3. 接纳别人是体谅之道。有的人对人太过严苛，总是对朋友的缺点抱怨不止，对别人完全没有一点体谅之心，自然心生排斥，当然无法接纳。

4. 关怀别人是友爱之道。当别人失意、困难之时，适时表示关怀、提供协助，可以激发人的信心，重燃希望。

2. 朋友要分而处之

做人箴言

孔子曰："君子慎取友也。"

人不能没有朋友，没有朋友的日子是暗淡的。但是，芸芸众生谁为友，需要慎重选择。因为，一个人结交什么样的朋友，对自己的思想、品德、情操、学识会有很大的影响。俗话说："近朱者赤，近墨者黑"，"近贤则聪，近愚则聩"，就是这个道理。也有人说："匹夫不可以不慎取友。"

实际上，每个人自觉或不自觉的交朋友总是有所选择的，他们的择友也总是有自己的标准的。明代学者苏竣把朋友分为"畏友、密友、昵友、贼友"四类。如此划分便可明白：畏友、密友可以知心、交心，互相帮助并患难与共，是值得深交的；那些互相吹捧、酒肉不分的昵友，口是心非，当面一套，背后一套，有利则来，无利则去，还可能乘人之危损人利己的贼友，那是无论如何也不能结交的。

一位地方官员，朋友无数，三教九流都有，他也曾向人夸耀，说他朋友之多，天下第一。虽说，朋友理当以"诚"相待，但是他却在不得罪"朋友"的情况下，将他们分了"等级"，有"刎颈之交级"、"推心置腹级"、"可商大事级"、"酒肉朋友级"、"点头哈腰级"、"保持距离级"等等。

之后，他根据这些等级来决定与对方来往的密度和自己心窗打开的程度。

将朋友分等级听来似乎现实无情，但是细细想来，其实这个等级之分自有其道理与必要——可以保护自己免受他人的伤害。

近代知名学者王国维博闻强记，智力过人，在甲骨文研究上卓有成效，得到了罗振玉的赏识，结为朋友，后来又成了儿女亲家。王家贫，罗经常在经济上接济他，但目的却是把王国维当做赚钱的机器。罗因有钱，大量收进甲骨，由王来考释，发表文章署名都是用罗振玉字。最后，由于经济勒逼，使王国维这样不可多得的才子在壮年便投湖自尽。

对此，郭沫若曾说："王国维之所以戛然止步，甚至遭到牺牲，主要的也就是朋友害了他……"

但是，真正要把朋友分"等级"，对感情丰富的人可能比较难做到，因为这种人往往在对方尚未把他当朋友时，早已投入感情，而且把朋友分等级，他也会觉得有罪恶感。

任何事情都要经过学习，慢慢培养这种习惯，等到了一定年纪，自然热情冷却，不用人提醒，也会把朋友分等级了。

尽管我们可以自行将朋友以等级而分，但是，我们选择朋友之初还是应该选择品德高尚、心胸宽广之人为宜。孔子就曾说过："与善人居，如入芝兰之室，久而不闻其香，则与之化矣。与恶人居，如入鲍鱼之肆，久而不闻其臭，亦与之化矣。"墨子则说得更为形象，他把择友比做染丝，"染于苍则苍，染于黄则黄。所入者变，其色亦变。五入必而已，故染不可不慎也。"也许你认为自己"抗腐性"强，那为什么不"择善而从之"，反而自讨苦吃呢？何况，与高尚的人在一起，你也会感染他的气质，何乐而不为呢？

朋友大致可分为两种："深交"与"淡交"。

可以深交的又有两种：一种是"道义相砥，过失相规"；一种是"缓急可共，生死可托"。而淡交则有三种：一种是"甘言如饴，游戏征逐"；一种是"利则相急，患则相倾"。这两种朋友吃喝玩乐，互相吹捧，当面一套，背地一套，是谓贼友。第三种则是心术不正，胆大妄为之人。对此，维持基本的礼貌足矣！

如果你目前平平淡淡或失意不得志，那么不必太急于把朋友分等级，因为此时还能维持感情的朋友应该不会太差。但当你有成就了，手上握有权和钱时，就应分清是否是对你另有所图。

3. 把"赞美"当礼物

做人箴言

人人都喜欢赞美的话，你我都不例外。

——林肯

三百六十五天的生活中，我们不断地说着不同的话，有高兴的，哀伤的，欢乐的，痛苦的。然而却忽略了最美好的，吝啬起最纯真的，掩埋了最动人的赞美。一句赞美的话也许要消耗半个苹果的热量，但是它带给别人的却是一整条巧克力的热量。赞美，带给人的是欢乐、鼓舞和信心。

还记得别人（也许是你的父母）第一次赞美你是什么时候吗？还记得那个时候，你是怎样兴奋得无法入睡吗？还记得那时的美妙感觉吗？

随着我们的成长，或许我们已经不会为了别人的一句赞美而彻夜不眠，但是我们听到赞美时的美好感觉并不能抹去。在潜意识里，我们都渴望别人的认同，渴望别人的赞美。这是每个人都需要的。由此及彼，我们的朋友也渴望我们的赞美。

"永远使对方觉得重要。"这是我们与朋友和睦相处的一条最重要的法则。如果遵循这条法则，就会给我们带来更多的朋友和无限的幸福。

但是一旦违反了这条法则，将会给我们带来烦恼。

美国哲学家约翰·杜威就曾说过："人类最深刻的动力是做个重要的人，因为重要的人能时常得到别人的赞美。"

赞美之于人心，犹如阳光之于万物。有这样一个故事。一个患有绝症的忧郁女孩，在病床上画了一幅美丽的图画，得到了许多人的赞美，她的心情变得豁然开朗。三个月后，她居然奇迹般地痊愈了。是赞美救了她。

虽然我们知道喜欢赞美是人的天性，但在现实生活中我们却常常忽视这一点，对待我们的朋友我们总认为是理所当然的而绝少想到去主动赞美别人。

如果我们能意识到，赞美能给人以力量，无论大人物或小人物，没有人会不为真正的赞赏所激动，我们大约就不会这样想了。

福特是美国石油大王洛克菲勒的好朋友。一次，福特和洛克菲勒合资经商，因福特投资过大而失败，损失巨大。福特很过意不去，主动解释说："太对不起了，那次损失太大了，我们损失了……"想不到洛克菲勒若无其事地回答说："啊，你能做到那样已难能可贵了，这全靠你处理得当，才保存了剩余的60%，谢谢你了!"

洛克菲勒在本该责备对方时，却宽容地原谅了对方，而且说出一堆赞美之词，这真是出乎福特的意料。然而，正是洛氏的这种胸襟为他以后的腾飞打下了坚实的基础。

赞美别人并不难，而在实际生活中却又变得很难，因为在成人和孩子的心里有一个不变的公式：赞美别人＝否定自己。这个不是公式的公式，顽固地储存在我们的意识里，并随时随地以它来测量自己。所以，当你不愿意承认和赞许别人的优势与长处时，并不是道德上出了问题，而是心理出了问题，那是害怕面对自己短处和劣势的缘故。

承认和欣赏别人的优点是认识和发现自己的一个重要途径。害怕或不敢正视别人的优点，也就无从发现自己的优点。

赞美是一种给予。人之所以吝啬，是怕给出收不回来。一个能慷慨赞美他人的人，也会以同样的方式收获慷慨的给予。

一个幼儿园曾组织了一次父母与孩子一起玩的游戏，老师们要求在座的爸爸妈妈互相说出对方的优点和长处，而且要说得特别真诚。父母们一开始都有些不好意思，但是慢慢地，他们发现给别人找优点，或者赞美别人并不是件难事。

而孩子们从爸爸妈妈的言行中，懂得了欣赏和赞美别人，并不意味着自己不行。找出别人的优点，也不意味着自己就没优点。最后，大家都发现能找出别人的优点其实是一种快乐，而敢于公开赞美别人那是更大的快乐。

你希望每天都能保持愉快健康的心情吗？只要你能帮助你的朋友得到快乐，那么快乐自然会落到你身上。不要吝啬你的赞美。如果你今天感到闷闷不乐，也许正是因为你还没有说出一句赞美的话呢。

学会赞美别人会成为一个人处世的法宝，更是送给别人的最好礼物。

行动方略

赞美是一种美德，拥有它你将会如鱼得水，游刃有余。

1. 雪中送炭

赞扬可以让一个怯懦者变得坚强；可以使神经极度衰弱的人恢复力量；能使人在举棋不定时重新获得勇气。

2. 情真意切

赞美一定要真诚，一定要由衷之言，要有事实根据。如果无中生有，故意制造美言，一旦拆穿反而更伤感情。

213

3. 相机逢时

赞美别人一定要注意含蓄。赞美贵在不露痕迹，不使人难堪且乐于接受。

4. 切中要害

我们通常容易笼统地、抽象地赞美别人。比如，"你真棒"，"棒"在哪里呢？这样非但达不到赞美的目的，反而使你有"吹捧"、"拍马屁"之嫌。

4. 距离产生美

做人箴言

> 距离产生魅力；美，依赖距离来塑。
>
> 太近了，容易彼此厌倦；太远了，容易彼此疏忘。关键在于距离的恰当。
>
> ——汪国真

记得有一次，老师在讲如何欣赏一幅作品时讲道，创作者不论是写是画，在作品完成后，总要挂起来，然后再退后几步，站在一个合适的距离来欣赏，这样才能体会到作品的整体美。这种感觉在欣赏油画时更明显。太近了，看到的只是一块块颜料的堆积。只有站在远处的时候，才会看到一幅完美的艺术作品。人与人的交往也一样。人是大自然中最杰出的一件作品，那么，你在欣赏他人的时候，是不是也应该站开一点，留出一点距离呢？

其实，这种距离既是自尊，也是尊重他人。但是，很多人在与朋友交往时却并不理解这一点，当然也从不注重这个问题，他们认为距离会让彼此间的友情变得生疏，其实不然。人毕竟是有思想的、独立的、完整的个体，同时也是有理性的、自私的动物。在这个私有的社会中，每

215

个人都要获取自己的生存空间，为了这个私有的空间，就要不断地去拼搏。相距太近了，个人的空间就相对狭小了，摩擦的机会也就多了，摩擦多了感情还会融洽吗？如同一只可以养一两条鱼的鱼缸偏要放进五六条鱼甚至更多，结果会怎样？保持距离就是给自己留出一个空间，也给对方留出一个空间，大家都有了自己的空间才会和谐相处，如同太阳、地球、月亮一样。

每个人都需要自由的空间。

心理学家霍尔认为，人际交往中双方所保持的空间距离是人际关系融洽的表现。研究发现，亲密关系（父母和子女、情人、夫妻间）的距离为 18 英寸，个人关系（朋友、熟人间）的距离一般为 1.5～4 英尺，社会关系（一般认识者之间）一般为 4～12 英尺，公共关系（陌生人、上下级之间）的距离为 12～25 英尺。

由此可见，人与人即使再亲密也仍需保持适当的距离。

有的人把好朋友当成自己人，认为好朋友之间就不能有秘密，其实，"无话不说"也有限度，否则定会物极必反。两个特别要好的女孩，同吃同住，好得就像一个人，彼此都了如指掌，由于她们太熟悉对方而不分你我，把对方的秘密当成自己的告知于人，严重影响了朋友的正常生活而使朋友关系难以维持。

泽远近来的痛苦，就是朋友对他"太过亲密"。上个月，他的一个大学同学因为生意失败缺钱周转，泽远便把自己所能集到的钱全部借给了他。同学深受感动，知道泽远是倾囊相助，从此把泽远当做最知心的人，每晚都会打电话来大吐苦水。泽远每天下班很晚回来，还要花两三个小时陪他聊天解闷。同学说完自己的事，又开始说泽远家的事，而且上上下下的事他都不免要评论几句，大大小小的事他都要打听。开始，泽远觉得他心情不好，只要他问起，都或多或少地说两句。有一天泽远回家很晚，同学却和自己的妻子絮絮叨叨地说了从泽远嘴里听说的事，害得妻子以为泽远对她有意见。更糟糕的是，他会在半夜三更来找泽远，让泽远陪他去酒吧。这样的日子持续了将近一个月，泽远再也忍受不了，妻子、孩子的生活也受到了影响，对泽远牢骚满腹。

因此，就算是对最好的朋友，也要适当保留一些个人的秘密，不要妄想公开你的私人生活来证明你对朋友的诚意，也不要奢求朋友会对你的任何私人问题都有帮助，该自己面对的就要勇敢面对。

一本杂志上曾经刊载过这样一个故事。

寒冷的冬天，一群豪猪挤到一起取暖，但各自身上的刺使它们不得不马上分开。御寒的本能迫使它们又聚到一起，然而疼痛使它们再次分开。这样经过几次反复，它们终于找到了相隔的最佳距离——在最轻的疼痛下得到最大的温暖。

柴可夫斯基和梅克夫人是一对相互爱慕而又从不见面的恋人。梅克夫人是一位酷爱音乐、有一群儿女的富孀。她在柴可夫斯基最孤独、最失落的时候，不仅给了他经济上的爱助，而且在心灵上给了他极大的鼓励和安慰，使柴可夫斯基在音乐殿堂里一步步走向顶峰。柴可夫斯基最著名的《第四交响曲》和《悲怆交响曲》都是为这位夫人而作的。

他们从未见面的原因并非他们二人相距遥远，相反，他们的居住地有时仅一片草地之隔，他们之所以永不见面，是因为他们怕心中的那种朦胧的美和爱，在一见面后被某种太现实、太物质的东西所代替。

不过，不可避免的相见也发生过。那是一个夏天，柴可夫斯基和梅克夫人本来已安排了他们的日程，一个外出，另一个一定留在家里。但是这一次，他们在计算上出了差错，两个人同时出来了。他们的马车沿着大街渐渐靠近。当两驾马车相互擦过的时候，柴可夫斯基无意中抬起头，看到了梅克夫人的眼睛，他们彼此凝视了好几秒钟，柴可夫斯基一言不发地欠了身子，孀妇也同样回欠了一下，就命令马车夫继续赶路了。柴可夫斯基一回到家就写了一封信给梅克夫人："原谅我的粗心大

意吧！维拉蕾托夫娜！我爱你胜过其他任何一个人，我珍惜你胜过世界上所有的东西。"

在他们的一生中，这是他们最亲密的一次接触。

现在想来，柴可夫斯基和梅克夫人是在用距离创造美——创造迷人和朦胧，创造向往和动力。爱情如此，友情更是同样。

二人之间过度默契，乃至不用言语，即知对方的想法及下一步的作为，犹如自己。这样的友情，在早期是让人欣喜的，但随着时日的推移，便会逐渐变味，转化为一种无话可说的境地。

现实生活中，距离就是这么神奇，它有时是一种盼望，在你远离所爱的时候，它让你归心似箭，日夜兼程。有时它又是一种拒绝，在你和朋友或情人如胶似漆、缠绵悱恻的时候，它让你厌倦，让你呼吸短促。

有些人会把握距离，让它成为一道美丽的风景，使爱和友谊充满情致。

就女人而言，距离如火，它可以带给你温暖，也可以把你化为灰烬；就男人而言，距离如水，可以载舟，也可以覆舟；就友谊而言，距离不再是空间意义的长度，而是交往的层次和质量。如何寻找到一段合适的距离，不仅是爱的艺术，推而广之，它也是生存的艺术。

所以，人活于世，能够得一知己，是不枉一生的好事。但是，为了能让友情长久，为了不给对方造成不必要的困扰，朋友的距离远近，必须要用心来保持。

=========== **行动方略** ===========

当一个人逼近的时候，你会不自觉地往后退。为什么？因为你需要距离避开他，保护自己。

距离不仅有物理距离，还有心理距离。心理距离和物理距离一样有远近之分。比如男性师傅出差回来时，给自己的女性年轻徒弟带衬衫之类的礼物，从心理距离上说，就太近了，不合适。

我们要善于与交际客体保持适当的距离，但是，也要因人而异，不能死板，否则，也不便于制造出一种亲切的气氛。

人际关系本来就很微妙，还是彼此保持一些神秘感才好。总之，保持距离很重要。

5. 与批评你的人握手

做人箴言

美国著名诗人惠特曼这样说:"难到你的一切只是从那些羡慕你,对你好,常站在你身边的人那里得来吗?从那些批评你,指责你的人那里,学来的岂不是更多?"

阿拉伯传说中有两个朋友在沙漠中旅行,他们在旅途吵架了,一个给了另外一个一记耳光。被打的觉得受辱,一言不语,在沙子上写下:

"今天我的好朋友打了我一巴掌。"他们继续往前走。直到到了沃野,他们决定停下。挨巴掌的那位差点淹死,幸好被朋友救起来了。被救后,他拿了一把小剑在石头上刻下:"今天我的好朋友救了我一命。"好奇的朋友问:为什么我打了你以后,你要写在沙子上,而现在要刻在石头上呢?

另一个笑笑说:当被一个朋友伤害时,要写在易忘的地方,风会抹去它;如果得到帮助,我们要把它刻在心底深处,那里任何风都不能磨灭。

生活中有些朋友就是这样,他们总是在不断地批评、指责我们,有时甚至会令我们感到无地自容,因为他们说的都是我们不喜欢听的话。当我们把自认为得意的事告诉他们后,得到的却是一盆冷水;当我们把满腹的理想、计划对他们说后，他们会毫不留情地指出其中的问题，有时甚至不分青红皂白，把我们做人做事的缺点一一加以评说……总之，从这种人嘴里很难听到一句好话，有时我们会觉得与这样的人相交真是受罪。

但是，如果你明智，就该认识到，这种朋友，一旦放弃，那将会是一种遗憾。

人人都喜欢听到别人的赞美，这是人的通病，因为这样的话常常会使人感到满足，感到高兴。但是，如果站在朋友的立场，他对你仍旧只说好听的，明明知道你有缺点而不告诉你，那将意味着你们之间的朋友关系已然终止。如果他进一步"赞扬"你的缺点，则更是别有居心了。这种朋友就算不害你，对你也没有任何好处。因为，对于我们自身的一些缺点，我们自己有时是不会觉察到的，而这些不足之处，外人常常会碍于情面不好意思对你言明，但是朋友作为你生活中另一个亲密和值得信赖的人，他就有义务为你指出，让你今后不再犯同样的错误。所以，时时批评你的朋友，就如同一面镜子，你可以从中看到自己的不足。

林肯的陆军部长史丹顿曾骂他是个该死的傻瓜，因为林肯为了讨好某个自私的政客，签署了一道命令转移某些兵团。史丹顿拒绝执行这道命令，还大骂林肯竟然会签这种命令，简直是该死的傻瓜，有人忙不迭地去报告总统，而林肯却平静地说："如果史丹顿说我是该死的傻瓜，那么我一定是，因为史丹顿一向是对的。我得过去看看这到底是怎么一回事，我究竟错在哪里。"

林肯果真去找了史丹顿，史丹顿让他知道那道命令的确错得离谱，林肯立刻撤消了那道命令。从此事中我们可以看到林肯是一个善于听取别人意见的人，只要批评是出于善意的，而且言之有理，它的作用比赞美还要大。

我们应该知道，朋友之所以批评你，往往是因为与你太熟而不再避讳什么，所以他们的批评与指责多是无心的，指出你的缺点却是真心

的，所以，忘记无心的伤害；铭记真心的帮助，你会发现这世上你有很多真正的朋友。

曾有一位大学者向南隐禅师问禅。南隐以茶相待。茶水都溢出了，南隐还继续往杯里倒茶。大学者不解："师父，茶已经溢出了，不要再倒了。"南隐见机开导："你就是这只杯子，里面装满了你自己的看法和想法。你不先把你自己的杯子倒空，叫我怎样对你说禅？"

我们每个人都是一只杯子，只不过有人装得浅点，有人装得满点，有人装的是茶，有人装的是浊水。只要杯未倒空，就不可能装进新的东西，装进南隐的"清茶"。固执自己的成见，排斥朋友的指责，你将永远不会听到别人的真言。不妨空杯以待，先让别人把茶斟上，再来细品茶味。如此这般，不断地换茶，不断地细品，终有一天，会品出"批评"的真味来。

所以，去爱那些时时批评你、指责你的朋友吧，要知道，他们是你生活中不可或缺的一味良药。

行动方略

朋友的批评，能让我们认识到自己的不足，善意的批评胜过赞美。

成功大师卡耐基告诉我们一个办法：当你因为受到批评而生气时，先停下来说"等一等……我离所谓完美的程度还多远呢？如果爱因斯坦承认百分之九十九的时候他都是错的，也许我至少有百分之八十的时候是错的，我该受到批评，我应该表示感谢，并想办法由此得到益处"。

我们不可能做到完美，虔诚地接受朋友给自己很坦白的、有用的、建设性的批评。

6. 交知己友

做人箴言

　　有人云："人生难得一知己。"可见"知己"是可遇而不可求的。每个人都希望自己能有一个知己，一个真正的知己。但何为"知己"呢？"知己"，顾名思义就是一个知道、了解自己的人；就是一个懂得怎样与自己相处，了解自己的性情，一个在你痛苦时安慰你，快乐时祝福你，孤独时陪伴你；当你情绪低落、无缘无故发脾气时，他不会怪你反而劝慰你、鼓励你、帮助你的人。

　　究竟怎样的朋友才算知己？知己是永恒的，还是不定期的？有这样一个故事。

　　清代诗人洪亮吉与黄仲则是少年时代的同学和知交，俩人都出身贫寒，都曾在科场苦战，也都曾客幕依人。黄仲则虽有"乾嘉诗人第一"之誉，但穷困潦倒，怀才不遇，且终身布衣。洪亮吉与这样一个既无地位又无钱财的朋友相交十八年始终不渝。

　　乾隆四十二年，黄仲则客居北京，想把母亲妻儿也接到北京生活，洪亮吉帮他把田及三间屋卖了以后筹足路费，送到北京。三年以后，黄

仲则经济窘迫，到了贫病交加的地步，又想让老母妻儿回常州，但是连打发她们回去的盘缠也没有。洪亮吉当时也是个"十有九人堪白眼"的穷书生，但是竟不顾自己的穷困潦倒，东奔西跑为黄仲则"营家室南归之资"。

后来，黄仲则于乾隆四十七年在贫病中客死山西解州。洪亮吉当时已是举人，照世俗眼光看，洪亮吉的地位变了，也许会就此势利起来。但是，他却借马疾驰，日走四驿，赶到解州希望能见朋友最后一面，谁知当他到时黄仲则已然逝去。洪亮吉忍着悲痛为死去的朋友抚七尺之棺，理身后之事，又"炎天走千里，素车白马送君归"，把黄仲则灵柩拖运回常州安葬。以后，黄仲则的遗稿整理、老母妻儿的安排，直至黄仲则子女的婚嫁，都由洪亮吉一手承办。

生活中你有没有留心过这样一个问题，人们与朋友相交，潦倒时能做到"交情为贫重"易，富贵时不致"一阔脸就变"难；一时意气为朋友"两肋插刀"易，天长日久，特别是"人去人情在"难。但是，洪亮吉却能做到贫贱富贵不移。可见其为人之忠，本性之厚。

让我们再来环顾一下我们的左右，与我们相交超过五年之久的知己有多少？有的也不过是两三年的相知朋友，即使是这样，也是为数极少。能如洪亮吉与黄仲则那般的深厚友情恐怕更是少之又少。

尽管知己难求，可一旦获得，你将会是世界上最为幸福的人，因为他会是你一生的安慰。

有些事情你想找一个人倾诉，知己要么是你第一个想到的人，要么是你脑中掠过许多朋友最后定格的那一位，你选定了他，他的性别、外在都不再重要，他就是他的精神和你的精神的聚合体，和他交谈，一半像是与自己交谈，一半便是你所认同、欣赏的。他与你交谈，与前一半你享受到了心意相通的乐趣，与后一半你体会到了别人的思想，而这思想多半与你的是和谐的。

做人做到位的9大绝学

ZUORENZUODAOWEI
DE9DAJUEXUE

作为知己首先必须默契。相识相知的印证方法不单单是时间，有些人相识多年，还不如结交三天的有默契，"虽然面对的是一副生面孔，却犹如上辈子既已相识"。

这恰如林清玄在一段禅语中所言，"白鹭立雪，愚人看鹭，聪者观雪，智者见白"。他还为此附一短诗作为解证：

相爱的人，像磁铁的正负极，因相吸和渴望寻找对方的所在；
相契的人，像山谷中的回声，因投射和回应发现更深的内在；
相印的人，像临水时的照影，因对照与融入泯灭彼此的分别。

行动方略

与知己相交，贵在自自然然，有意无意间的情趣相通、心意相合。不能苛求，不能强求，亦不能苦求。两个人精神上是平等的。因为平等，就没有了由意逢迎；因为平等，方有了合适的距离，方有了守住本心的能力。

如果你是别人的知己，你必须保证你是你自己，而并非另一方期待的你，只是你恰巧符合了他的期待，而不是刻意将自己打造成他的期待。与朋友相交，付出的同时守住自己的心田是很重要的。仿佛一首乐器合奏的曲子，应当各自发挥自己的美妙，同时又和谐与共，方能成为一首怡人的曲子吧。

第九章　处世为人，点点通

1. 做个巧舌如簧的人

做人箴言

　　说话是一门艺术，来不得半点含糊。说话，要敢说、能说、会说；说话，还要准确规范、文明得体。

说话谁都会，但把话说得动听，给别人留下良好印象，却未必是每个人的专长。在与人相处的过程中，懂得说话的艺术极其重要。如果一不留神说错了话，后果是不堪设想的。有人前往卡耐基培训学校旁听了一堂人际关系课，学员在课堂上纷纷提出：如何正确把握与别人说话的分寸？他们大多有过在别人特别是老板面前说错话的惨痛经历，并对这个问题深感苦恼。

　　中国有句俗话，"美言一句三冬暖，恶语伤人六月寒"。确实，如果你用语不当，虽然算不上是恶语，但同样能使自己处于尴尬被动中，而且还会因此得罪不该得罪的人。

　　文是刚刚毕业的大学生，她在公司受到了新老板的重用，欢欣鼓

舞。恰好这天要去上海某周边城市谈判，文想了想，一行好几个人，坐公交车不方便，人也受累，会影响谈判效果；打车吧，一辆坐不下，两辆费用又太高，还是包一辆车好，经济又实惠。

主意定了，文却没有直接去办理。她认为遇事向老板汇报一声是绝对必要的。于是，文来到老板跟前。"老板，您看，我们今天要出去，"文把几种方案的利弊分析了一番，接着说："所以呢，我决定包一辆车去！"汇报完毕，文发现老板的脸不知道什么时候黑了下来。他生硬地说："是吗？可是我认为这个方案不太好，你们还是买票坐长途车去吧！"文愣住了，她万万没想到，一个如此合情合理的建议竟然被打了"回票"。"没道理呀，傻瓜都能看出来我的方案是最佳的。"文很纳闷。

你知道她错在哪里吗？

她错在"我决定包一辆车"这句话上。这便是措辞不当，要知道在老板面前说"我决定如何如何"是最犯忌讳的。

如果文能这样说：老板，现在我们有三个选择，各有利弊。我个人认为包车比较可行，但我做不了主，您经验丰富，帮我作个决定行吗？老板听到这样的话，绝对会做个顺水人情，答应你的请求，这样岂不两全其美？

另外，与人相交时还应注意不要随便乱开黑色玩笑，虽然它只是玩笑。

青是个报关员，更是个聪明的女孩。脑子快、言辞犀利，还有丰富的幽默细胞，是公司里的一颗"开心果"。但如此可爱的青，却得不到老板的青睐。

青工作非常努力，有时为了赶时间，一大清早就要赶到海关报关。满身疲惫回到办公室，老板不仅不体谅，还不分青红皂白地说她迟到、旷工，怎么解释都没用。青委屈极了，只好向朋友求教。朋友启发她，"你平时有没有在言词上对老板不敬啊？"

这么一问，青想起来了，自己平时就爱与同事开玩笑，后来看老板斯斯文文，对下属总是笑眯眯的，胆子一大，就开起了老板的玩笑。这天，老板一身簇新地来上班了，灰西装、灰衬衫、灰裤子、灰领带。青夸张地大叫一声："老板，今天穿新衣服了！"老板听了咧嘴一笑，还没来得及品味喜悦的感觉，青接着来了一句："像只灰耗子！"

又是一天，客户来找老板签字，连连夸奖老板："您的签名可真气派！"青恰好走进办公室，听了又是一阵坏笑："能不气派吗？我们老板暗地里练了三个月了！"此言一出，老板和客户同时陷入尴尬。

开玩笑的确可以拉近与同事间的距离，缓和人际关系，但如果玩笑有人身攻击的成分，就是黑色玩笑了。黑色玩笑对人际关系的破坏力很强，青对此却浑然不觉，这就是她聪明能干，却得不到重用的原因。

其实，黑色玩笑体现出人性的弱点：面对一个人或一件事时，会不自觉地挑刺，这是一种思维习惯。在生活中，爱开黑色玩笑的人一定是热衷于挑刺的人，这类人往往被视为"刻薄"，容易引起他人反感。同事可能笑过就算了，但冒犯老板尊严的后果是严重的。如果想在别人面前留下好印象，就要努力克服自己的人性弱点，学会宽容，学会发掘别人的优点，慢慢改变自己不会说话的形象。

有这样一个例子，有个班级要到一家商店参加社会实践活动。先派了个同学去联系，遭到商店的拒绝；又派了个同学去联系，人家表示欢迎。这是怎么回事？原来，先去的那个同学说话傲慢无礼，开口闭口市里有精神，你们应该接待我们。而后去的那个同学则恰好相反，他在经理办公室外等经理办完了事，才去轻轻敲门，得到允许后进到屋里，拿出介绍信，恳求说："叔叔，我们有件事想麻烦您和商店里的叔叔阿姨……请您大力支持……谢谢您啦。"一番话说得经理心里暖呼呼的，当然欣然同意了。

同样的事，只因为说话的态度与语气不同，结果便大相径庭。可见，一个会说话的人到哪里都受人欢迎。

如何让自己成为一个谈吐自如的人呢？下面的办法可以帮助你找到良好的感觉。

1. 说话要文明、合乎情理和礼仪。

2. 说话要分时间、地点、场合，讲究方式方法。

要考虑听者的情绪，人家忌讳的话不要说，人家不愿告诉你的事，不要刨根问底，也不要揭短。

言为心声，语言是内在文明的一种最有说明力的标志。所以，从根本上说，说话要让人爱听，还是那句老话：文明人说文明话。

2. 让耳朵竖起来"听"

通往内心深处的路是耳朵。

——伏尔泰

我们总是认为能说会道的人才善交际，其实，善于倾听的人才是真正会交际的人。会说的人，有锋芒毕露的时候，也常有言过其实之嫌，话说多了，会给别人造成一种夸夸其谈的感觉。祸从口出，言多必失。而静心倾听就远没有这些弊病，倒有兼听则明的好处。注意听别人说话的人，给人的印象是谦虚好学，专心稳重，诚实可靠。认真听，能减少不成熟的评论，避免不必要的误解。善于倾听的人常常会有意想不到的收获。蒲松龄因为虚心听取路人的述说，记下了许多聊斋故事；唐太宗因为兼听而成明主；齐桓公因为细听而善任管仲；刘玄德因为恭听而鼎足天下。

有一些人总为自己的沉默寡言而担心，认为那样会影响到人际关系，因为他们觉得没有有趣的话可谈。事实上，要成为一个好的谈话者并不需要机智和多话，只要会聆听即可。聆听是用心倾听，这是一种友好的表现，是一种修养。暂时把个人的成见与欲望放在一边，尽可能地

231

体会说话者的内心世界与感受，听者与说者的结合，双方更能相互了解并从中得到新的知识。

　　一位著名的心理治疗学家，无论是何种类型的来访者，他都能与之建立起和谐的人际关系。向他请教时，他的经验之谈是："在引发我感兴趣以前，自己要先对别人感兴趣。"

　　著名的心理学家卡尔．罗杰斯也说，有时当他的病人不断地倾吐自己内心深处的感觉时，他会突然发现病人的眼中充满泪水，好像在说："感谢上苍，终于有人愿意听我说了。"

　　有不少研究表明，人际关系失败的原因，很多时候不在于你说错了什么，或是应该说什么，而是因为你听的太少，或者不注意听所致。比如，别人的话还没有说完，你就抢过话头，讲出些不得要领不着边际的话，别人的话还没有听清，你就迫不及待地发表自己的见解和意见，对方兴致勃勃地与你说话，你却心荡魂游目光斜视，手中不断拨弄这个那个，有谁愿意与这样的人在一起交谈？有谁喜欢和这样的人做朋友？

　　一位心理学家曾说："以同情和理解的心情倾听别人的谈话，我认为这是维系人际关系、保持友谊的最有效的方法。"

　　可见，说是一门艺术，而听更是艺术中的艺术。倾听，是对他人的一种恭敬、一种尊重、一份理解、一份虔诚，是对友人最宝贵的馈赠。倾听，是心的接受，是热的传递，诚挚的情感在祥和中奉献。倾听，是智者的宁静，犹如秋日葱茏，深邃的思想于无声中收获。我们不必抱怨自己不善言辞，只要我们认真倾听，就会赢得友谊，赢得尊重。

　　理想的人际关系，建立在相互交流思想的基础之上，如果对于对方的希望、意见和感情缺乏了解，那么双方的意志就不可能取得统一，要了解对方，当然就是侧耳倾听，在直抒胸怀的时候，先要听听对方的话是很重要的，如果不好好听对方讲话，而是夸夸其谈，喋喋不休地先将自己的内心世界来个竹筒倒豆子，光凭这一点，你就输给了对方。

行动方略

说话是艺术，而倾听则是艺术中的艺术，你想享受艺术带来的快乐吗？请做到以下几点。

1. 端正"听"的态度。专心地听对方谈话，态度谦虚，始终注视对方。不要做看表、修指甲、打哈欠……无关的动作。

2. 给予积极的回应。善于通过肢体语言或其他方式给予必要的反馈，做一个积极的"听话者"。

3. 切勿中途打断对方。当一个人讲话时，是最不希望被别人打断的，因为这样不仅会打断他的思路，而且还会让人感到他不被尊重。

当然，如果谈话者的话题确实不能引起你的兴趣，或者你想转移话题，以达到对话的预期目的，那么你可以等待对方讲完以后，再岔开他的话题。

第九章 处世为人，点点通

233

3. 你会说"谢谢"吗?

做人箴言

福布斯(*B. C. Forbes*)先生在《福布斯》杂志上说:"一句感激的话,会发生意想不到的效果,使你的理想轻易达成。"

给予帮助是一种快乐,受到帮助是一种幸福!当有人对你言谢的时候,你一定是快乐的!即时把美好的感受表达出来,更是人生中的一份美好。

中国人向来重感情,但是中国人又最不善于表达感情。就像是树立在清华园里的"行胜于言"的碑,中国人向来是不会或者不屑表达。很多人,甚至连谢谢都不会说。实际上,很多人不是不想表达他们的感激之情,只是不知道该如何开口而只好选择沉默。还有些人,他们充满感情的表达却让对方感到不自在。其实,表达你的感激之情并不是什么太难的事情,因为这样的表达总是让人感到愉快的。

一位公共汽车的司机,为了能让乘坐他汽车的乘客更愉快,每天,他都要对每位上车的乘客亲切地问候一声:"你好!"

尽管限于中国的民情,并不是每一位乘客都能够对这样的好意予以响应,有些人甚至因为害羞而不知所措,面无表情地走进车厢,但是这位司机并不因此而受挫，仍然热忱地向每位上车的乘客说："你好！"向下车的乘客说："谢谢！"

慢慢地，乘客们为他的精神所感动，有的甚至愿意主动向他表达感谢，他们克服了心理上对于陌生人的羞怯，勇于向他道谢，给他肯定。

而另一些比较害羞的乘客，则把自己的感谢之辞，写在卡片上特意寄给他。一年下来，车厢里除了洋溢着彼此的问候声，还多了另外几项东西：市长颁发的奖状、乘客的留言及许多感谢的卡片。卡片上密密麻麻写满道谢及鼓励的话，每一封短笺，都充满诚恳的感谢及祝福，像行之已久的"公车诗文"般动人。

原来，大家都受到了感动。

而司机也大大方方地接受了这些好意，还费了一番心思设计版面，将它们张贴出来。

慷慨地表达心中的感谢，和大方地接受别人的感谢一样，都是很珍贵的美德。表达感谢和接受感谢的双方，都会因此而生出更丰盈的生命能量，并且让周围的人，也从中获得正面的力量。

有时，也许对方并不期待回馈或报答，但并不表示受惠的人就可以因此而忽略对方的付出。

有一则小故事，提到一位辛苦持家的妻子，操劳了大半辈子，却从来没有从家人身上得到过任何感激。

一天，她问丈夫："如果我死了，你会不会买花向我哀悼？"

丈夫惊讶地说："当然会啊！不过，你在胡说些什么呀？"

妻子一脸严肃地说："等到我死的时候，再多的鲜花都已经没有意义了，不如趁我还活着的时候，送我一朵花就够了！"

有时候，一朵花就可以表达谢意，给对方喜悦及希望。

长期辜负别人的付出，是自己的损失。

因为没有道谢，就无法体会彼此的好意在互动之间是多么幸福的滋

味，也很可能因而无法再继续得到对方的帮忙。

很可惜的是，有些人并非不愿意表达感恩，而是天性木讷害羞，不好意思大声说"谢谢"，或是不懂得如何适切地向对方表示。

但是，活在这个世界上，值得我们心存感激的事情实在是太多太多。所以，你还是尽量要求自己把你的感激之辞表达出来，不要把它永远藏在心里。要让自己多说"谢谢"，因为如果平日不习惯说"谢谢"，一旦话到嘴边极有可能产生排斥，然而习惯之后，你就会感觉它是一种轻松表达的措辞。请让自己说"谢谢"时，可以像说"你好"一样的轻松愉快。因为它是可以让别人感到心情愉快的话，因此，即使是微不足道的事情也习惯说"谢谢"的人，通常人际关系顺畅、和谐。愿意坦率表达谢意的人，是广受欢迎的。

反之，无论如何卖力协助对方，只肯以谦虚客气的语气说"抱歉"的人，是无法让协助者感觉到效应的。或许你是怀着打扰别人深感歉意而说"抱歉"，但是对方却希望你是欢欣愉快地接受协助的。

毕竟，生活中不麻烦他人的人，恐怕一个也找不到。如果每件事都觉得"太麻烦人了"而感到闷闷不乐的话，只有自寻苦恼。重要的是，对别人的帮助明确表达感谢的心情。

如果聆听那些功成名就的人们的说法，可以发现他们不是说"在成功之前吃尽苦头"，而是"让周围的人辛苦了"。只记得自己过去辛苦的人不容易凝聚人际关系，因此想实现计划就愈加困难。而经常意识到自己让周围人们跟着受苦的人，无论对谁都能轻易说出"谢谢"。为了实现自己将来的计划，你必须强烈地意识到光靠自己的力量是不够的。为了巩固这种意识，请将说"谢谢"当做一种习惯。

从现在起，请不要再去相信什么"大恩不言谢"之类的话。恩惠不论大小，我们宁愿相信"点滴之恩当报以涌泉"！

为了感恩，一句"谢谢"、一张卡片、一封信、一个电话、一次拜访、一份礼物……都因为彼此真诚，而变成人间甘泉。

其实，表达自己的感谢或接受对方的感谢，都需要练习，还需要懂得一些"技巧"：

1. 关键在态度。表达自己感激之情的时候，一定要真诚。发自内心的一句"谢谢"，也许远比长篇大论展示语言技巧的演讲更能让人感动。

2. 表达要自然。话音一定要清晰自然，不要吞吞吐吐，含糊其辞，那样会给对方做作的感觉。

3. 直视对方。表达你的感激时，最好是专注地注视着对方，这样你的话才显得真挚。

4. 小技巧：引用对方的名字。

感谢的时候，不要忘记对方的名字。"谢谢你！"和"谢谢你，××！"的效果是完全不同的，尤其是你们并不是太熟悉的时候。

4. 取巧"劝说"

做人箴言

当你对别人说一些有利于自己的事情时，人们通常会怀疑你和你所说的话，这是人的一种本能的表现。

当你换种方式对别人说有利于自己的事情时，却可以大大消除这种怀疑。

生活中每个人都需要有一个良好的人际关系，而在与人交往中，相互信赖和友好交往的基础是真诚。只有真诚对待对方，达到心与心的交流，才能赢得对方的信赖，才会使友谊之树常青。

人与人的交往要达到感情上互动，成为好朋友，就必须相互敞开心扉，讲真话、实话，切忌遮遮掩掩、吞吞吐吐，令人猜不透你的真实想法。

《犹太法典》上说："温和与友善总是比愤怒和暴力更有力。"因而，犹太人认为要说服他人，首先自己要有真诚和友善的态度。

真诚是为人的根本。那些取得巨大成功的人都有许多共同的特点，其中之一就是为人真诚。如果你是一个真诚的人，人们就会了解你、相信你，不论在什么情况下，人们都知道你不会掩饰、不会推托，都知道你说的是实话，都乐于同你接近。因此也就容易获得好人缘。

一则寓言说，有一次，太阳和风相遇，它们争吵起来，都认为自己比对方厉害，但是谁也不能说服谁。最后，风说："我来证明一下我的本领。你看到那个穿大衣的老头了吗？我打赌我能比你更快地让他脱下大衣。"

太阳躲到云后，风开始施展它的本领。它愈吹愈大，疯狂地奔向老人，但是老人紧紧地裹住大衣，蹒跚地前进。风一看这种情况，非常生气，立刻狂风大作，愈吹愈急，但还是无济于事，最后灰心丧气地败下阵来。

风渐渐平息了，太阳从云后露出了笑脸，以温暖的微笑照着老人。不久，老人开始擦汗，脱掉了大衣。

你看，风的狂怒根本没有解决问题，而太阳的友善赢得了胜利。可见，人们总是乐于接受温和友善的人。

1915 年，小约翰·洛克菲勒成为科罗拉多州最受轻视的人。工人为了争取自身利益，要求科罗拉多州煤铁公司提高工资，愤怒而粗暴的工人捣毁厂房，砸坏机器。政府最后出动军队镇压，发生多起流血事件，罢工者被枪杀，尸体遍布街头，场景极其残忍和野蛮。这次罢工持续了两年之久，成为美国工业史上最血腥的一次罢工。

在那种充满仇恨的气氛下，作为公司的所有者洛克菲勒尽力平息工人的愤怒，希望他们接受他的意见。他先花了几个星期的时间深入到工人家中，尽管遭到一些工人的拒绝，他仍顶着巨大的压力走访每一个受害家属，与他们成为朋友，然后他对工人代表发表了精彩演讲。

"今天是我一生中最值得纪念的日子，"洛克菲勒开始说，"这是我第一次有幸会见这家伟大公司的劳方代表、职员和监工，大家汇聚一堂，商讨公司的未来发展。我可以告诉各位，我很荣幸到这里与大家会面，在我有生之年我不会忘记这次聚会。"

"这次聚会如果在两个星期前举行，我对今天到会的大多数人将一定很陌生，我只认得几张熟悉的面孔。上周我有机会去南区煤矿所有的工棚视察了一遍，与各位代表进行过个别谈话，除了不在场的代表，统统见过面了。我拜访过你们的家庭，见过各位的妻子和儿女，今天我们以朋友的身份相互见面，我们不再是陌生人了，我们之间已经有了友善互爱的精神，我很高兴有机会与各位代表讨论我们共同的利益问题。"

"既然聚会应由厂方职员和劳工代表共同参加，我能来此参加聚会，多谢大家的支持。因为我既非劳工代表，也不是厂方职员，但是我觉得我与你们的关系十分亲密，因为就某一方面来说，我代表了股东和董事们。"

面对几天前想把他吊死在酸苹果树上的工人们，洛克菲勒言词恳切，他的话比传教牧师还要谦逊和蔼，他用了一些能拉近彼此关系的句子，如"我很荣幸到这里与大家会面"、"我拜访过你们的家庭"、"见过各位的妻子和儿女"、"今天我们以朋友的身份相互见面"。这场演讲太精彩了，取得了良好的效果，不仅平息了要吊死洛克菲勒的仇恨风暴，而且还赢得不少崇拜者。

洛克菲勒向工人提供了充足的事实，说明公司面临的处境，友善地劝说工人们回去工作。工人们接受了他的意见，暂时不再谈提高工资的事。一场愤怒就这样平息了。

洛克菲勒友善地化解了公司与工人之间的矛盾。他没有和工人争论，没有用政治的干预吓唬工人，也没有用严密的逻辑论证他们错了，假如那样的话，只能导致更多的仇恨和反抗。洛克菲勒巧妙地运用"以柔克刚"原理，以友善和蔼的态度化解了工人的愤怒，最后化敌为友。

友善的态度在交往中非常有效。

犹太工程师史德帕希望他的房东能够降低房租，但是他的房东很难缠，许多人都做过这方面的努力，都以失败告终。大家得出一致结论：

房东太难打交道，不近人情。

史德帕决定试一试，他给房东写了一封信，说合同一到期，他将搬出去，事实上他不想搬走，如果房租能降低的话，他仍然想租下去。没过几天，房东就带着他的秘书来找史德帕。史德帕以友善的方式在门口欢迎他，非常热情。

史德帕并没有立即谈论房租太高，而先强调自己多么喜欢他的房子，称赞他管理有方，希望能再住一年，可是房租有点儿太高。

房东从来没有遇见过一个如此热情而真诚的房客，他简直不知怎么办才好。他开始向史德帕诉苦，其中有一位房客给他写过 14 封信，有些信言词极其粗鲁，太伤他的自尊心；还有一位房客威胁他，如果他不制止楼上那位打呼噜的房客，就要退租。

"有你这样满意的房客，我真是太轻松了。"他高兴地说。

房东在史德帕没有提出要求之前，就主动提出减收一点租金。史德帕希望再少一点，说出他能负担的数目，房东一句话也没说就同意了。"有没有需要装饰的地方呢?"他刚要离开时，转过身来问史德帕。

史德帕后来谈了这件事，他说："如果我用其他房客的方式要求减低房租的话，我相信我一定也会遇到相同的阻碍，我之所以会成功恰恰就是因为我的友善、同情和赞扬。"

真诚无私的品质能使一个外表毫无魅力的人增添许多内在吸引力。人格魅力的基本点就是真诚。待人实在一点，守信一点，能更多地获得他人的信赖、理解，能得到更多的支持、帮助和合作，从而获得更多的成功机遇，脱颖而出，点燃闪亮人生。

心理学研究指出，任何人的内心深处都有内隐闭锁的一面，同时又有开放的一面，希望获得他人的理解和信任。不过，开放是定向的，即只向自己信得过的人开放。以诚待人，能够获得人们的信任，发现一个开放的心灵，经过努力得到一位用全部身心帮助自己的朋友，这就是用

真诚换来真诚。如果人们在发展人际关系，与人打交道时，去除防备、猜疑的心理，代之以真诚，那么就能获得出乎意料的好结果。

人与人的感情交流具有互动性。一个人如果要想与人成为知心朋友，首先得敞开自己的胸怀。要讲真话、实话，切忌遮遮掩掩、吞吞吐吐，令人怀疑，以你的真诚去换取别人的真诚。人与人之间融洽的感情是心的交流。肝胆相照，赤诚相见，才会心心相印。岁月的流逝，时代的变迁，并没有减弱"真诚"在友谊宫殿中的光泽。我们应充满真诚，离开了真诚，则无友谊可言。一个真诚的心声，才能唤起一大群真诚人的共鸣。

行动方略

劝说别人接受善意的劝告，需要真诚，更需要技巧：

1. 在自己熟悉的环境中更能收到良好的说服效果。

2. 仪表修饰有时比言谈更重要，因为有些人常常以衣冠取人。

3. 劝说者千万别开门见山指责对方，这样会造成紧张的气氛，应有理解和同情对方的表示，使对方与你亲近，方能收到良好的效果。

4. 为了增加自己的说服力，可以向对方提供事实依据，表示并非自己个人的看法，更能起到劝说的效果。

5. 语言要诚恳、婉转。

5. 守时就是守信

做人箴言

犹太人经商法格言中有一句"勿盗窃时间"。所谓"勿盗窃时间"，就是告诉人们不要浪费别人的一分一秒。

让我们从世界上最成功的商人——犹太人的身上来理解这一话题。犹太人奉行"时间重于金钱"的信条。在犹太人看来，时间就是生活，时间就是生命，时间比任何东西都珍贵。在犹太商人的意识中，机不可失、时不我待的观念特别强。他们东奔西跑，要把每一分钟都变成效益。由于对时间特别看重，因此，他们办事节奏快、效率高，许多商机往往被他们抢先一步占领。犹太人做生意，手脚很快，"上得快，转得快，变得快"，这是犹太商人成功的秘诀之一。

犹太人认为，现代社会是信息社会，做生意，慢慢腾腾是跟不上社会发展的。太慢了，一是容易错过时机，误了生意；二是因为你的动作慢了，思维也就慢了，总是跟在别人后面跑，吃亏是难免的。

事实上，"时间就是金钱"这种说法在我国早已存在，"一寸光

阴一寸金，寸金难买寸光阴"的说法也早已成为人们的口头禅。我国唐朝学者李肇的《国史补》一书中讲了这样一个故事。在崎岖不平的山间小道上，一辆载着瓦瓮的驮车打滑不前，使得后面几十辆货车受阻。这些货车必须在半小时内赶到前方一座小镇，否则，一笔生意就要"泡汤"。因此，大家都十分着急。这时，货主刘颇上前打问："车上的瓦瓮共值多少钱？"答道："八千钱。"刘颇略加思索，便叫随从给瓦瓮主如数付了款，然后和众人一起，将瓦瓮全部推下了山崖，使几十辆货车得以顺利通过。

刘颇摔瓮的故事给人们启示：做人必须有强烈的时间观念，必须懂得时间就是金钱，时间从多方面显示出其价值。

犹太人认为"时间就是金钱"。在犹太人开的公司里，他们实行的也是8小时工作制，但公司员工却常以1分钟多少钱的概念来工作。在他们眼里，根本就不存在"加班"的概念。他们准时上班，下班也决不延时，即使在多呆几分钟当天的工作就可以完成的前提下，他们也会立即放下手头的工作下班。正因为犹太人把时间视做金钱，他们对时间也如金钱一样按分按时计算。他们中当老板的，请员工做事，工薪是按时计算的。犹太人会见客人，十分注意恪守时间，绝不拖延。客人来访，必须要预约时间，否则要吃闭门羹。犹太人对于突然来客是十分讨厌的，如果是做生意，可能会导致失败。

在犹太商人眼里，时间也是商品，是有价值的。犹太商人常常惜时如金。他们的工作时间有个规律，每天早上上班后约第一个小时，称之为"发布命令时间"，他们利用这一小时处理昨日下班后至今天未上班前送到公司的有关的文件。"现在是发布命令时间"这句话，在犹太人已成了"拒绝会客"的公用语。"发布命令时间"结束后，就转入当天的工作和会见预约的客人。

对于彻底的"时间就是金钱"的犹太商人来讲，浪费时间就等于浪费他们的商品，也等于浪费他们的金钱。犹太人把时间看得那么重，是有其道理的。时间是任何一宗交易必不可少的条件，是达到经营目的的前提。与对方签订合同时，要充分估计自己的交货能力，是否能按客方要求的质量、数量和交货期去履行合约。如可以办到，就与其签约，如办不到，切不可妄为。

犹太人之所以在商战中屡屡获胜，这与他们常与时间赛跑是密切相关的。在竞争激烈的市场中，谁能一马当先，以质优款新的产品问世，谁就必能获得较好的经济效益。如电子手表，刚上市时每块售价几十美元乃至几百美元。再比如，在手机"横行"的今天，想当初，手机属稀有紧俏产品，一款手机往往上万元，它是身份和势力的象征，但几年之后，当许多竞争者推出同类产品时，其价格一落千丈，每款售价只有区区几百元。又如人们日常的必需品蔬菜，在反季节时售价数倍高于盛产季节。为什么会出现如此大的反差呢？这显然是"时间"的价值。我们都明白这样一个道理，做生意所赚利润的多少与这种产品所占成本的高低息息相关。有人核算经营费用中有 70％ 左右是花费在占用资金的利息上。如一个商店一年的营业额为 100 万元，其资金年周转率为两次，言下之意，该店每年占用资金为 50 万元。按通常的银行利息为 12％（年息）计算，一年共支付利息达 6 万元。如果该商店能把握一切时间和进行有效管理，使资金周转达到一年 4 次，那么，其支付的利息就可节省 3 万元，换句话说，该企业就可多盈利 3 万元了。除此之外，加快货物购入和销出，加快货款的清收等，都体现出时间的价值。

不比不知道，一比吓一跳，通过以上事例，我们就不会对犹太商人屡屡获胜大惊小怪了，所以，犹太人"时间重于金钱"的观念是多么值得我们学习啊。

做人做到位的9大绝学

ZUORENZUODAOWEI
DE9DAJUEXUE

成功女神是挑剔的,她只让那些能把24小时变成48小时的人接近她。

1. 直奔主题。聪明的人要远离琐碎,一次只做一件事情,一个时期只有一个重点。

2. "不得不走"。不要被无聊的人缠住,也不要在不必要的地方逗留太久。

3. 成本观念。在生活中有许多属于"一分钱智慧几小时愚蠢"的事例,如为省一元钱而排半小时队,为省两毛钱而步行三站地等等,其实都是极不划算的。

4. 集腋成裘。充分利用零碎的时间。成功不是摸大奖,它需要日积月累的努力,需要心平气和的等待。

5. 提前休息。懂得休息才能更好地工作,"没时间休息的人,早晚会有时间生病的。"

6. 不逞"英雄"

做人箴言

没有人值得你同他争辩。他愿意说什么就说什么，因为每一个人均可自由、自愿成为一个愚人。请牢记伏尔泰说的话：和平仍然比真理有价值。也请牢记一句阿拉伯的俗语：在这沉默不语的树上，挂着它的果实，那就是和平。

杰西卡带着 5 岁的儿子到一家冷饮店为他的生日晚会买甜食。柜台前人围得水泄不通，惟一的一名女服务员忙得不可开交。

轮到他们了，杰西卡说要 3 夸脱碎巧克力冰淇淋。女服务员一听就火了："3 夸脱？你知道 3 夸脱（1 夸脱＝1.1365 升）有多难舀吗？"杰西卡本想反唇相讥，但是，她最终还是闭口未言，而是问了自己一个每当她濒临和别人发生争执的边缘时常常提出的问题："她为什么会这么说呢？噢，她的负荷太重了。"于是杰西卡转而问道："这几天有人买过这样的冰淇淋吗？"女服务员的敌对情绪顿时冰消雪融。"从早晨忙起来就一刻没停，只我一个人，得等到一点钟才能下班，可是……"她一边给杰西卡包冰淇淋一边倾诉着心里话。当杰西卡带着儿子离开时，她微笑着友好地向他们挥手道别。

247

当别人对你说出不恭、不善之辞时，你作何反应呢？忍气吞声，不知所措？还是出言相击？

所谓：退一步海阔天空。

不争一时的英雄豪气，免了日后许多麻烦。在那一气之间，自己究竟损失了一些什么呢？似乎在德行上，倒是增长了不少——宽容慈爱之心，悲悯之情怀。在心性修养上，亦是更进一步——反求诸己，是否有所过错。

有智慧之人，往往木讷，不善言辞。非不善也，不为也。

一笑而已，恩仇俱泯。

在这一笑之间，有慧根之人，自能明白；粗心之人，亦不致生了嗔怪。

林肯就曾为此劝戒他的属下："你们的工作，难道不够繁忙吗？为什么还有多余的时间去跟人们争辩呢？况且互相争辩总是得不偿失。而且通常情况下，在争论结束之后，争论的双方往往十有八九比原来更坚持自己的论调。"

另外，生活中还有这样一种愚笨的人，原本无理，原本不善言辞，却偏偏好争强斗胜。他所凭借的，无非是一味地粗鲁。聪慧之人，知道此人非理智之人，不必降低自己身份去与之多费唇舌，如果你同意对方的主张，而且不会在意他的意见是如何可笑，如何愚笨，如何浅薄，礼貌对答，并对此人表示你是如何无条件地赞成他的意见，佩服他的见识和聪明，之后便立刻避开，在不必要的时候，不再与此人交往。这就是聪明之人获得胜利的惟一方法——避免争论。这样如果你抱着不抵抗主义，让进攻你的人，自动停止他的策略，你的精力就不会耗费于无益的争论中。不但避免了争论的可能，而且避免了有目的进攻的争论挑战。

记住：用爱解仇，仇可立解；以恨止怨，怨必更深。

20 世纪初的一位美国财政部长威廉·麦克阿杜曾精辟地说过这样

一句话："你不可能用辩论击败无知的人。"

林肯对于喜好争论的人从无好感，他认为："凡能成功之人，必不偏执于个人成见，更无法承受其后果；这包括了个性的缺憾与自制力的缺乏。与其为争路而被狗咬，毋宁让路于狗。因为即使将狗杀死，也不能治好被咬的伤口。"

与人发生争论时，不妨先考虑确认一下，到底我要的是什么？是一个毫无意义的"表面胜利"？还是对方的好感？如同孟子所说，"鱼"与"熊掌"不可兼得。你需要的是什么呢？

行动方略

与不同的人相处是我们生活中的一部分，有些非对抗性的办法既可以维护自己的尊严，又不会引起争端。

1. 以幽默的方式处理激烈的争论

对不想参与的争论说一句"请君饶我一回吧"，摆脱处境。

2. 有人抱怨时，不要解释

不要对抱怨者作徒劳的解释，那会激发争论，"求同存异，保留意见"是体面地抽身的最好方法。

7. 自我反省

人类之所以能够不断地修正错误，不断地取得进步，是因为人类能够在生命的旅途中不断地自我反省。这，也正是人类区别于其他物种的特异之处。成功者决不是不犯错误。成功者之所以能够成功，是因为他们有着超乎常人的反省精神：他们能够通过深刻的反省，发现德之缺憾，智之不足，从而总结教训，惩前毖后，改弦易辙，迈上通往成功的大道。

每个人最大的敌人其实就是自己。要了解别人不是一件棘手的事，但要很清楚地看清自己却非常困难。一个真正成熟的人应该具有反省自己缺点的能力。自我反省是提高一个人认知能力和办事能力的手段，缺乏自我反省，不能从根本上认清自己身上存在的错误。

迷失理性是人性的弱点，面对自身的痼疾，我们要善于自我反省。其实，在每一个人的内心深处，多少都隐藏着一些不易觉察的弱点，这种内在的弱点常常会驱使一个人做出危及自己的行为。犹太商人认为，经商失败在很大程度上是由于自身的弱点造成的，因为人性的弱点最易让人迷失理性，所以要善于自我反省。如果对自己的缺点浑然不觉或者不知反省，结果就会使自己一步一步走向失败的境地。

犹太商人洛德尔的档案柜中有一个私人档案夹，标示着"我所做过的蠢事"。夹中插着一些他做过的傻事的文字记录。他有时口述给他的秘书做记录，但有时这些事属于隐私，而且愚蠢之极，没有脸面请秘书做记录，因此只好自己写下来。

每次洛德尔拿出那个"愚事录"的档案，反思对自己的批评，可以帮助他处理最难处理的问题——管理自己。

洛德尔讲述他避免犯错误的秘诀时说："几年来我一直有个记事本，登记一天中有哪些约会。家人从不指望我周末晚上会在家，因为他们知道，我常把周末晚上留作自我省察，评估我在这一周中的工作表现。晚餐后，我独自一人打开记事本，回顾一周来所有的面谈、讨论及会议过程。我自问：'我当时做错了什么？''有什么是正确的？我还能干什么来改进自己的工作表现？''我能从这次经验中吸取什么教训？'这种每周检讨有时弄得我很不开心，有时我几乎不敢相信自己的莽撞。当然，年事渐长，这种情况越来越少，我一直保持这种自我分析的习惯，它对我的帮助非常大。"

一个人如果失去反省的能力，就看不见自己的问题，更不能自救。假如一个人自己不常常反省自己，便很容易把责任推给别人，犯自以为是的错误。

反省能让我们更清醒地认识自己。在安静的状态下，我们可以看清事情，包括我们自己对问题应负的责任、做事情的新方法。反省让我们察觉到自己所设下的限制，以及我们思考中的某些盲点。

总之，反省是最未被善用却最强而有力的制胜工具，反省让结果在你眼前显现，你只需做一点努力，甚至完全不必费力。

1. 经常自我反省，成功会越来越近。反之，将一步步走向失败。

在成绩和荣誉面前摆正自己的位置。一般地说，人们在犯了错误，受到批评、处分的时候，比较容易做到"自省"。但在成绩和荣誉面前，在来自某些方面虚情假意的庸俗捧场和真心实意的歌功颂德面前，则往往被弄得昏昏然、飘飘然。

2. 在发生的缺点和问题面前，勇于承担自己的责任。

3. 知错必改，贵在行动。